U0242967

我的小小科学实验室

86个小实验让孩子
从小爱科学

少儿科学实验全知道

〔韩〕梁一镐／编著　　邢青青／译

4

北京联合出版公司
Beijing United Publishing Co.,Ltd.

作者的话

不去直接体验或者观察也能探索到事情真相吗？

　　科学是通过合理的思考过程来了解自然现象的一门学科。在科学中所使用的探索式方法，由于最受人们信赖，所以它与科学的思考方式一起，不仅成为科学，而且成为所有学问和人类日常生活必须具备的素养。培养科学的态度也是所有人类，必须具备的素养。

　　科学指的不仅是科学家们所形成的知识体系，还包含了科学家们为探索自然所进行的一系列活动。因此，在科学教育中，面对科学的正确态度和对科学本质的正确理解也十分重要。特别是近年来，随着科学对社会的影响越来越大，理解科学与社会之间有着什么样的关系，科学对于解决社会上存在的一些问题有什么样的帮助等等，也变得越来越重要。

　　小学科学教育的重点应该放在通过对科学本质的了解，对基本科学概念的了解，以及简单的实验活动，来形成对科学的正确认识和应有的正确态度。

因此，《少儿科学实验全知道④》中分阶段详细描述了小学高年级科学教科书中出现的各种实验。笔者相信，只要按照本书的内容进行实验，不仅可以轻松地理解教科书中的实验，还能够培养小朋友独立探索的能力。就像《少儿科学实验全知道①》、《少儿科学实验全知道②》和《少儿科学实验全知道③》为小朋友们在学习教科书中出现的各种实验活动提供了许多帮助一样，希望这本《少儿科学实验全知道④》也能对广大少年儿童有所帮助。

本书通过重要概念、实验条件、实验方法、实验准备物品、实验结果、科学小故事等，向大家详细说明了教科书中需要学习的核心内容。本书还通过"科学家的眼睛"为想要深入了解相关知识的小朋友答疑解惑。

希望《少儿科学实验全知道④》可以让更多的小朋友了解科学，喜欢科学，产生学习科学的兴趣。

梁一镐

2010年2月

目 录　86个小实验让孩子从小爱科学

作者的话
本书结构
实验观察大揭秘

生命

本书结构

 观察　 实验　 调查

标题

这个标题告诉了我们本章节学习的主题。

核心内容

注明了与标题有关的核心内容，在这里可以知道我们到底需要了解些什么。

探索要素

以符号的形式告知大家在进行观察、预想、分类和控制变量等探索活动时需要知道的探索要素。

地球与月球

地球和月球是什么形状的呢？地球和月球又是怎样运动的呢？

48 实验　地球与月球的拼图游戏

我们生活的地球和每天升起的月亮是什么形状的呢？通过拼图游戏来认识地球和月球吧。

准备材料 地球拼图，月球拼图，剪刀

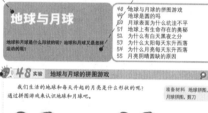

① 将画有地球和月球的拼图用剪刀一块块剪切下来。

② 将地球和月球的拼图掺杂在一起。

③ 在规定的时间内，将拼图拼在一起，先拼完的人获胜。

④ 比较拼完图后的地球和月球。

通过实验得出的结果 比较地球和月球的拼图，我们可以看到两者的形状相似。虽然地球和月球整体外貌相似，但是地球上分布有海洋和陆地，这是与月球的不同之处。

月球是怎样形成的？

靠近地球，易于观测的月球是怎样形成的呢？天文学家认为，地球的卫星——月球是地球的一部分拼落后形成的。那么地球的这一部分是怎么拼落的呢？天文学家提出了这样的假设，当地球与火星般大小的星体碰撞后，地球的碎片拼落，形成了月球。因此，构成地球的物质与构成月球的物质十分相似。

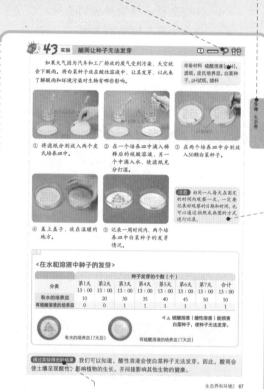

43 实验　酸雨让种子无法发芽

如果大气因为汽车和工厂排放的废气受到污染，天空就会下酸雨。将白菜种子放在酸性溶液中，让其发芽，以此来了解酸雨和环境污染对生物有哪些影响。

准备材料 硫酸溶液（pH4），滤纸，皮氏培养皿，白菜种子，pH试纸，烧杯

① 将滤纸分别放入两个皮氏培养皿中。

② 在一个培养皿中滴入稀释后的硫酸溶液，另一个中滴入水，使滤纸充分浸湿。

③ 在两个培养皿中分别放入50颗白菜种子。

④ 盖上盖子，放在温暖的地方。

⑤ 记录一周时间内，两个培养皿中白菜种子的发芽情况。

注意 由同一人每天在固定的时间观察一次。一定要记录好观察日期和时间，也可以通过拍照或画图的方式进行记录。

<在水和溶液中种子的发芽>

分类	种子发芽的个数（个）							
	第1天13：00	第2天13：00	第3天13：00	第4天13：00	第5天13：00	第6天13：00	第7天13：00	合计
有水的培养皿	10	20	30	35	40	45	50	50
有硫酸溶液的培养皿	0	1	1	1	1	1	1	1

◀ 硫酸溶液（酸性溶液）能损害白菜种子，使种子无法发芽。

有水的培养皿（7天后）

有硫酸溶液的培养皿（7天后）

通过实验得出的结果 我们可以知道，酸性溶液会使白菜种子无法发芽。因此，酸雨会使土壤呈现酸性，影响植物的生长，并间接影响其他生物的健康。

生命 生态界

探索活动编号和分类

本书对每个主题都进行了编号，并按照实验、观察和调查进行了分类。

科学家的眼睛

在这里可以深入学习与探索活动有关的扩充知识和概念。

需要知道的知识点

通过实验、观察和调查能够了解到的知识都在这里进行了整理和总结。

两个领域的分类和大标题出现在这里。

每个主题结束时都会有一个科学广场环节。在这里可以学习到与大标题有关的知识或者有趣的科学常识。

注意

告知在进行探索活动时需要注意的内容。

 说明

1. 实验活动主题的选定

为了决定《少儿科学实验全知道④》中实验活动的主题，首先对教科书中的所有实验和观察能力进行了筛选和整理，然后将选定的内容分为了生命、地球和宇宙两大部分。

2. 实验活动主题的排列和标记

本书一共分为生命、地球和宇宙两大部分，将相似内容的实验活动排列在一个领域中。实验活动的种类分为实验、观察和调查三种，为大家提供了实验的方向。

3. 实验过程技能的构成

本书以修订版教科书的活动目标为基础，将需要孩子具备的技能分为观察、推理、分类、变量统一、提出问题、得出结论、测量、沟通、预测、资料转换和解释、假设、一般化等几种，并通过图标的方式标记出来。

实验观察大揭秘

什么是探索方法？

虽然了解科学知识非常重要，但更重要的是了解验证科学的方法。科学探索的方法有很多种，但是其中有一部分的过程是通用的。这就是所谓的"探索过程"。在本书中强调的探索要素如下所示。

观察

这是探索过程中最基本的一个阶段，指的是使用我们所有的感官和工具（显微镜、望远镜等）来获取知识，了解问题的过程。

推理

对观察到的内容进行解释说明的阶段。

例：在盛有冰水的玻璃杯表面凝结的小水滴，既可以推理为空气中的水蒸气，也可以推理为空气中的氧气和氢的结合产物。

分类

根据一定的目的，按照事物的共同点或者一定条件将事物区分开来。

例：有翅膀：蝴蝶，猫头鹰；没有翅膀：老虎，人。

变量统一

确认对实验、调查产生影响的各种条件，除了实验需要验证的条件，将其他条件变量统一起来。

例：在比较花园的泥土和运动场泥土的腐殖度时，将除了土壤种类以外的诸如土壤的数量、水的重量等条件统一起来。

提出问题

对于用自己固有的知识无法解释说明的现象，经过观察后提出疑问。

例：在看到自家旁边种的西红柿上有蚜虫，生菜上没有蚜虫后，提出这样的问题："为什么生菜上不生蚜虫呢？"

得出结论

这是对探索实验过程进行整理的阶段，是判断自己做出的假设是否正确的过程。

测量

使用尺子、温度计等工具进行数据测量的活动。

例：用尺子测量拉长的弹簧长度。

沟通

向朋友们讲述实验内容，相互交流自己的想法。

例：做一个以"火山的危害"为主题的发表，并讨论火山有没有对人类有益的方面。

预测

根据观察或者测量的内容，事先推测将来会发生的事情。

例：先用手大体估计物体的重量，再用秤进行测量确认。

资料转换和解释

资料转换是记录测定的结果，将记录的资料通过图表的方式表现出来，以方便解释说明。

资料解释是分析获得的资料，通过预测或推理的方式寻找资料中蕴涵的意义或隐藏的关系。

假设

为自己提出的疑问寻找一个临时性的答案。

例：对于"为什么生菜上不生蚜虫呢？"这一疑问，找出一个答案，如"生菜上可能含有一种蚜虫讨厌的成分吧。"

一般化

通过多种实验获得实验结果，发现实验结果中的一些规律，从中得出科学原理或法则。

● 什么是自由探索？

"自由探索"简单说来就是要求学生独立"选定探索主题、进行探索、书写报告、发表报告"，也就是由学生主导的探索学习。自由探索大体上可以分为以下6个阶段。

第1阶段 主题选定和组成小组

学生对老师给出的大主题进行集体讨论。
学生们说出自己想要探索的小主题，主题相同的学生组成一组。

第2阶段 制订探索计划

为了顺利完成探索活动，小组成员对于选定的主题制订计划。如"谁做什么？""想要了解什么内容？""必要的信息要从哪里获取？"等计划。

第3阶段 进行探索与中期检查

收集、分析获取的信息，得出结论，并对信息的整理情况，报告书的内容进行交换和讨论。

第4阶段 制作最终报告书

按照收集的信息和小组成员讨论得出的结论制作最终报告书。其中要包含主要的意见、收集到的信息和资料的出处以及资料收集的方法。

第5阶段 发表报告书

对完成的报告书进行发表。
发表可以通过视听资料、讨论、图画、小测试等方式进行。

第6阶段 评价

对于探索活动进行评价。评价内容除了要包括探索主题、程序、创意性、参与程度、发表方式，还应该将学生在探索活动中的主动性作为评价的一个重点。

生命

start!

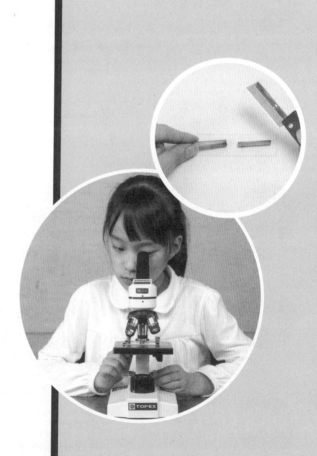

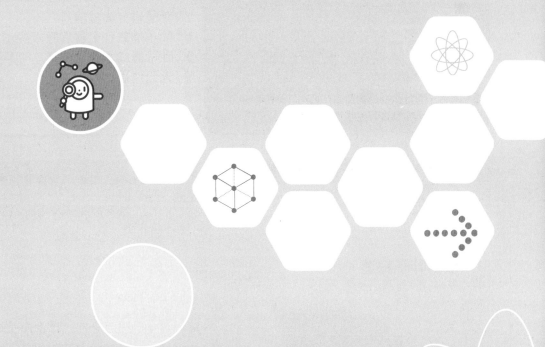

　　"生命"是以生物为研究对象的一门自然学科。生物都有生命。生物一般分为动物、植物、原生生物和真菌类。

　　在这里我们探索的是生物的构造、作用、成长、繁殖、进化和分类等。让我们一起来揭开地球上所有生物的奥秘吧。

叶 子

植物的叶子有什么样的构造呢？抵达叶子的水会怎么样呢？叶子会制造哪些物质呢？

 1 观察 **叶子也分高矮胖瘦**

观察植物时，让我们首先一起来了解一下叶子的构造吧。

准备材料 采集用品，植物图鉴

一般的叶子构造

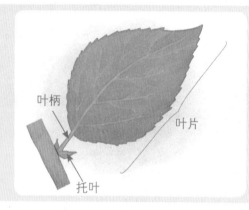

叶柄
叶片
托叶

· 植物的叶子因为含有叶绿素而呈绿色。
· 扁平的叶片通过叶柄连接茎部。
· 叶片上的叶脉起到了维持叶子形状的作用，是水和营养成分流动的道路。
· 植物的叶子上有气孔，植物的种类不同，气孔的形状也不同。

双子叶植物的叶子	单子叶植物

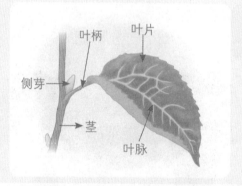

叶柄
叶片
侧芽
茎
叶脉

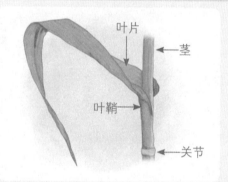

叶片
茎
叶鞘
关节

大部分的双子叶植物有着宽阔的叶片以及细长的叶柄，叶脉为网状脉。

大部分的单子叶植物的叶子由包裹叶子的叶鞘和叶片组成，叶脉为平行脉。

通过观察得出的结论 植物的叶子因为叶绿素而呈绿色，叶子由叶片、叶柄、叶脉等构成。因为叶脉的存在使得叶子能够维持其形状，此外，叶脉也是运输水分和营养成分的通道。

在植物叶子的表皮有着无数个洞孔，这些洞孔就是气孔。下面我们通过显微镜来观察一下不同植物的气孔有什么不同吧。

准备材料 植物的叶子，光学显微镜，镊子，盖玻片，载玻片，迎春花叶子的切片标本

观察植物的气孔

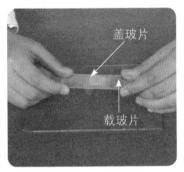

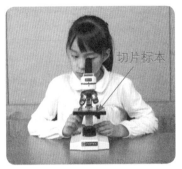

注意 将标本放在显微镜的载物台上，用物镜靠近标本进行观察。观察时通过上下移动物镜来对准焦距。

① 轻轻撕下一层叶子的表皮，放在载玻片上，盖上盖玻片，制成标本。

② 将标本放在显微镜的载物台上进行观察。

不同植物的气孔形状

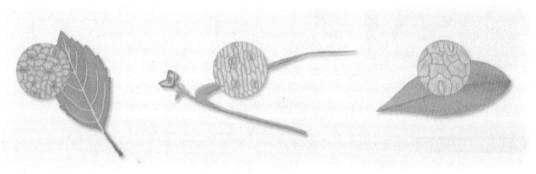

迎春花的气孔（100倍）　　　　紫露草的气孔（100倍）　　　　鸭拓草的气孔（100倍）

气孔的作用

◀ 气孔张开时，可以使水管中移动的水通过水蒸气的形式散发出去。而且，通过张开的气孔，植物可以进行光合作用，吸收二氧化碳，释放制造的氧气。

气孔张开时　　　气孔闭合时

通过观察得出的结论 植物叶子的表面存在无数个气孔，气孔具有吸收二氧化碳，排出氧气和水蒸气的作用。植物种类不同，气孔的形状也不尽相同。

生命·植物

在身形修长的大树最顶端的树叶上，也会有水吗？让我们一起来揭秘抵达叶子处的水会怎么样吧。

准备材料　带有叶子的树枝，量筒，水，塑料袋，放大镜，尺子，油，水

① 准备两个带有叶子的树枝，其中一个摘去上面的叶子，放进量筒中。

② 将水倒入两个装有树枝的量筒中，水上面滴一两滴油。

③ 在两个装有树枝的量筒上，分别套上两个大小相同的塑料袋。

④ 将两个量筒放在向阳处。

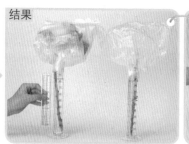

▲ 装有带叶子树枝的量筒里的水明显减少了。

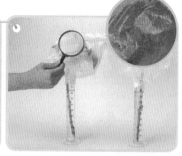

▲ 包裹带叶子树枝的塑料袋上也观察到了很多水滴。

通过实验得出的结论　带叶子的树枝吸收的水分更多。植物吸收的水分通过植物的叶子（气孔）以水蒸气的形式排出体外。植物在根部吸收水分，水分通过茎到达包括叶子在内的植物的各个部分，其中一部分水分通过植物叶子上的气孔排出。像这种水分通过叶子以水蒸气的形式排出植物体外的现象就是**蒸腾作用**。

科学家的眼睛

蒸腾作用的意义

以水蒸气的形式将水分从叶子处排出的蒸腾现象，是植物根部吸收水分和营养成分并运输到植物全身的主要动力。植物的叶子通过茎与根部相连，正因为叶子中的水分可以排到空气中，才使得根部和茎部的水分能够运输到植物的顶部。而且，植物在吸收新的水分和营养成分时，能够使营养成分得到浓缩。水蒸气蒸发的过程中，也可以带走植物的热量，调节植物的温度。夏天我们走到树林中之所以会感受到凉爽，就是由于植物的蒸腾作用。

水
树枝上也有蒸腾作用。

通过蒸腾作用移动的水

植物在制造营养成分时，阳光是必需的。让我们来了解一下植物的叶子通过阳光来制造的东西吧。

准备材料　带有叶子的植物，锡纸，烧杯，培养皿，酒精灯，三脚架，碘—碘化钾溶液，玻璃吸管

锡纸

① 用锡纸将植物的一片叶子包裹住，将植物放置在向阳处2~3天。

酒精
水

② 将包有锡纸的叶子和没有包锡纸的叶子摘下来放入酒精中，通过水浴法加热。

我会和淀粉发生反应，变成蓝紫色。

碘—碘化钾溶液

③ 将加热后的叶子放在温水中清洗后，滴上碘—碘化钾溶液观察叶子的颜色。

结果

包裹有锡纸的叶子　　没有包裹锡纸的叶子

◀　包裹有锡纸的叶子在碘—碘化钾溶液中没有任何变化。而没有包裹锡纸的叶子在滴入碘—碘化钾溶液后变成了蓝紫色。接受过阳光照射和没有接受过阳光照射的叶子的颜色之所以不同，是因为受到阳光照射的叶子在光合作用下生成了淀粉。

通过实验得出的结论　植物的叶子因为叶绿素的存在而呈绿色，植物在叶绿体中利用水和二氧化碳制造营养成分。在这个过程中需要用到光能。这种利用光能生成营养成分的现象被称为光合作用。

科学家的眼睛

土豆的淀粉

　　土豆是我们常见的食物中淀粉含量最多的一种。在光合作用下形成的淀粉储藏在土豆的块茎中。将碘—碘化钾溶液滴在土豆上，土豆会变成蓝紫色，这是碘—碘化钾溶液与土豆的淀粉发生反应造成的。在面粉、米饭和面包等含有淀粉的食物中也可以观察到这种颜色的变化。

碘—碘化钾溶液

生命·植物

茎

植物的茎有什么作用呢？茎有什么形态和功能呢？

5 观察 认识植物的骨骼——茎

让我们通过观察各种植物的外貌来了解植物茎的构造和作用吧。

准备材料 各种植物茎的照片

各种植物茎的形状

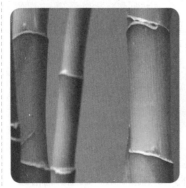

▲ 竹子的茎
呈绿色，有关节，十分结实。

▲ 迎春花的茎
呈绿色或褐色，表皮有些粗糙。

▲ 杜鹃花的茎
呈褐色，表皮有些粗糙。

植物茎的一般构造

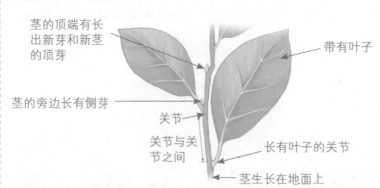

茎的顶端有长出新芽和新茎的顶芽

带有叶子

茎的旁边长有侧芽

关节

关节与关节之间

长有叶子的关节

茎生长在地面上

植物茎的作用

1. 连接根与叶子。

2. 支撑植物。

3. 保护植物。

通过观察得出的结论 植物的茎生长在地表以上，有可以长出叶子的关节。茎上有顶芽和侧芽，颜色和表皮因植物种类的不同而有所差别。而且茎还起到了连接根与叶子，支撑植物和保护植物的作用。

6 实验　**植物骨骼中的"血液"流动**

茎中的水分是如何移动的呢？下面让我们通过对凤仙花和百合花的实验来了解茎中水的移动和茎的作用吧。

准备材料　凤仙花，百合花，红色色素，三角烧瓶，玻璃板，文具用刀或剃须刀，玻璃棒，放大镜或实体显微镜

① 在盛有水的三角烧瓶中加入红色色素，用玻璃棒搅拌均匀。

② 将百合花茎放入有红色色素的三角烧瓶中，将烧瓶放在窗边向阳处3小时以上。

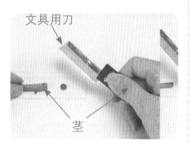

③ 用刀横切和竖切花茎，使用放大镜或实体显微镜观察。

结果

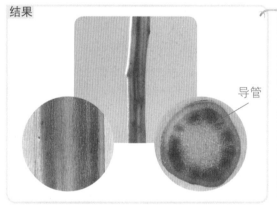

▲ 凤仙花的茎
导管位于茎的边缘，茎的截面为圆形。→双子叶植物

▲ 百合花的茎
导管分散在茎中，茎的截面为圆形。→单子叶植物

通过实验得出的结论　植物中的水分是通过导管移动的。由于植物种类的不同，导管的位置也不同，有的导管位于植物茎的边缘，有的导管分散在茎中。

科学家的眼睛

植物种类不同，导管的大小有变化吗？

作为植物水分通行道路的导管，它的大小与植物的种类有关系吗？很多人都以为导管的大小与植物茎的大小有关。但大部分植物的导管大小其实十分相似，不过茎比较粗大的植物导管的数量较多。

什么样的植物导管比较大呢？

根

藏在土壤里面的植物的根是什么样子的呢？它有哪些作用呢？

7 观察 支撑植物的"地基"——根

植物在土壤里面的样子和我们平时看到的在土壤上生长的植物形状有着很大的不同。那么生活在土壤里面的植物是什么样子的呢？让我们一起来观察各种植物的根，了解根的作用吧。

准备材料 植物卡片，植物

植物的大小和根的长度

榉树 ▼
根又粗又长，植物个子也十分高大。

▼ **向日葵**
根的长度为中长，植物的大小也为中间高度。

▼ **凤仙花**
根的长度不长，植物个子不高。

用手拔植物

▲ 草本类植物可用手轻松拔出。

▲ 小树虽然能用手晃动，却拔不出。大树既不会在手的作用下摇晃，也不会被拔出。

通过观察得出的结论 植物个子越小，根也越短，植物个子越大，根就会越长。草本类植物可用手轻松拔出，但树木等大型植物很难用手拔出。因此我们能看到，根起到了抵挡风等外力的作用，人们将这种现象称为根的支撑作用。

我们在上一节已经知道根具有支撑作用啦。那么根除了支撑作用外，还有其他作用吗？

准备材料 洋葱，烧杯，刀或剪刀，水

① 准备两个根长大约为 4～5cm大小相似的洋葱。

② 一个洋葱的根保留，另一个洋葱的根全部切掉。

③ 烧杯中倒入相同量的水，将两个洋葱的根部朝下分别放入烧杯中。将烧杯放在向阳处2～3天，观察比较水量的变化。

结果

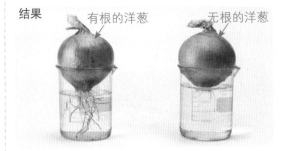

有根的洋葱　　无根的洋葱

▲ 装有有根洋葱的烧杯中，水量出现明显的减少，而装有被切掉根的洋葱的烧杯中，水量几乎没有变化。

通过观察得出的结论 装有有根洋葱的烧杯中，水量之所以出现明显减少，是因为根吸收了水分。而与之相反，被切去根部的洋葱无法吸收水分，所以烧杯中的水量无明显变化。通过这个现象，我们能得知根具有吸收作用。

科学家的**眼睛**

根从茎中长出？

与一般生长在土壤中的植物根不同，有的植物根像茎一样生长在土壤表面，起到支撑作用，这样的根叫气根。气根的代表植物是兰花、榕树、玉米、椰子树等。气根会钻进土壤中，成为输送水和营养成分的通道。

兰花

榕树

玉米

生命·植物

通过胡萝卜根的形状，以及其纵剖面、横剖面来了解根的构造和作用。

准备材料　胡萝卜，刀，放大镜

胡萝卜根的形状

主根

侧根

◀ 颜色为橘黄色，形状为细长的圆筒形。从上往下，越往下越窄。它的外表有很多须根，与茎相连接的部分为绿色。

胡萝卜的纵剖面

▲ **纵向切后的胡萝卜**
有白色圆圈，侧根与胡萝卜的内部相连。

水和营养成分输送的通道

▲ **横向切后的胡萝卜**
中心部位分布有白色的持续的痕迹。与侧根相连的部分一直通向内侧。

胡萝卜的味道

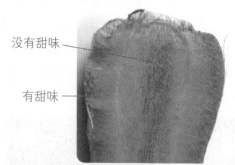

没有甜味

有甜味

◀ 储存营养成分的地方有甜味。而在营养成分和水分经过的地方则没有甜味。

通过观察得出的结论 虽然根据植物种类的不同，根的样子也不同，但根普遍都具有支撑植物的作用，吸收水分和养分的作用。萝卜、地瓜等植物的根中储存了在叶子中制造的养分。

根的构造

　　根被表皮包裹，根毛在土壤中融化并吸收水分和无机盐。根毛吸收的水分和无机盐通过导管运送到叶子处。而叶子处制造的养分又通过筛管往下输送。根的生长长度在于生长点，而生长点被根冠所包裹。

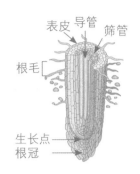

表皮　导管　筛管

根毛

生长点
根冠

胡萝卜根的构造及水分和养分输送的管道

　　胡萝卜的茎虽然很短，但却很粗厚。我们经常见到的是胡萝卜的根和叶子。在萝卜白表面我们能看到侧根或者侧根的痕迹。胡萝卜内部的导管和外部的侧根相连，位于导管外侧的筛管是输送无机盐的管道。位于导管和筛管之间的形成层，主管胡萝卜体积的生长。而位于根部底端的生长点，主管植物的长度。在胡萝卜的外表部分，也就是有机养分储存和移动的地方，能尝到甜味。而胡萝卜的内部，也就是水分和无机养分输送的管道，则尝不到甜味。

我的茎
这么短

茎

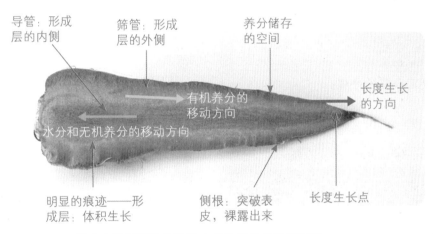

导管：形成层的内侧

筛管：形成层的外侧

养分储存的空间

有机养分的移动方向

长度生长的方向

水分和无机养分的移动方向

明显的痕迹——形成层：体积生长

侧根：突破表皮，裸露出来

长度生长点

胡萝卜横剖面的构造及水分和养分的输送通道

根有不同的职责

　　一般来说，根具有支撑、吸收、储存的作用。香子兰等水生植物的根负责光合作用。红树等生长在沼泽地带的植物为了吸收到足够的空气，根部不得不生长到水的外面，进行呼吸。菟丝等为了夺取宿主的养分，因此具有刺透宿主表皮的寄生根。

香子兰

红树

菟丝

花和果实

花和果实有着哪些共同的形态和功能呢？

10 观察 千姿百态的花

植物的花有着多种多样的形状和颜色。选择常见的花，观察它的外观吧。

准备材料 百合花，镊子，剃须刀，放大镜，显微镜，载玻片，盖玻片，滤纸，玻璃吸管

观察花的外观和花粉

◀ 花为白色。花瓣悬挂在花茎上。

① 观察百合花的外观。

花瓣
雌蕊
雄蕊

百合花有1个雌蕊、6个雄蕊，花瓣只在最底端有分裂现象。

② 使用镊子和剃须刀将花瓣、雌蕊、雄蕊分开，进行观察。

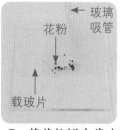

玻璃吸管
花粉
载玻片

③ 将花粉撒在载玻片上，用玻璃吸管滴一滴水在上面。

盖玻片

④ 盖上盖玻片。

滤纸

⑤ 将滤纸放在盖玻片上，吸掉上面的水分。

载物台

⑥ 将标本放在显微镜的载物台上观察。

结果

◀ **百合花的花粉**
为椭圆形，周围覆盖有鳞片状的东西。

通过观察得出的结论 百合花为白色，有1个雌蕊和6个雄蕊。花瓣在底端有开裂。将花粉制成标本，通过显微镜观察，可以确认花粉的形态。

植物花的种类不同，形状、颜色和香气也不同。但是它们的基本构造是相同的。让我们一起来了解花的构造吧。

准备材料 植物图鉴，花

百合花的构造

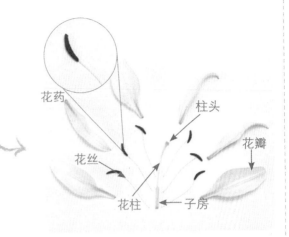

花药

柱头

花丝

花瓣

花柱 → 子房

<百合花的构造>

构造	雌蕊	雄蕊	子房
构成	柱头，花柱，子房	花丝，花药	胚珠

花的共同构造和作用

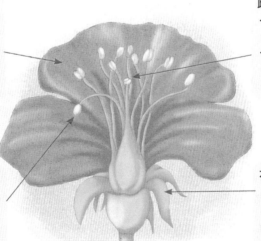

花瓣
·位于花的外部，以保护雄蕊和雌蕊等重要的器官。
·花瓣的颜色十分鲜艳，可以吸引昆虫，也是植物分类的重要标准。

雌蕊
·位于花的最内侧，是花粉授粉的地方。
·由柱头、花柱和子房构成，子房中有可以成长为种子的胚珠。

雄蕊
·有多个，分布在雌蕊周围，由花丝和花药构成。
·花药是制造花粉的地方，花粉在雌蕊中授粉。

花萼
·位于花的下部，具有包裹、保护和支撑花瓣的作用。
·像蒲公英这种植物，花萼还能使果实随风飞翔。

通过观察得出的结论 虽然花的种类不同，花的形状、颜色和香气也都不同，但是花基本都由花瓣、雄蕊、雌蕊、花萼等组成。不过这并不是说所有的花都具有这样的构造。

生命·植物

花药中产生的花粉传递到柱头上，被称为授粉。授粉后的花粉长长后，和胚珠结合，产生种子。让我们来了解一下授粉的过程和方法吧。

准备材料 动、植物图鉴

授粉的顺序

① 在雄蕊的花药中产生花粉。

② 花粉传递到柱头上后，通过花柱向子房移动。

授粉的各种方法

虫媒花　　风媒花　　水媒花　　鸟媒花

▲ 植物为了授粉，花粉需要从雄蕊传递到雌蕊。花粉传递的方法有很多种，有以昆虫为媒介的虫媒花，以风为媒介的风媒花，以水为媒介的水媒花，以鸟为媒介的鸟媒花。通过花的形态和香气，我们可以判断出它属于哪一类。虫媒花的花颜色鲜艳，有蜜腺，而风媒花的花不显眼。鸟媒花的花相对较大，花蜜也多，水媒花大部分是水生植物。

通过调查得知的结果 授粉指的是花药中产生的花粉传递到柱头的过程。授粉后的花粉会延长至子房，与胚珠结合。授粉的方法有以昆虫为媒介的虫媒花，以风为媒介的风媒花，以水为媒介的水媒花，以鸟为媒介的鸟媒花等。

科学家的眼睛
昆虫眼中花是什么样子的？

节肢动物中昆虫类和甲壳类动物的眼睛构造十分特别，是由许多个单眼组成蜂窝状的复眼。工蜂的一只眼睛由大约5500个单眼组成，和人类的眼睛一样，它也能感受到相似形态的光。但昆虫的眼睛本身是由多个单眼组成的，所以昆虫眼中的世界如同被打了马赛克一样。由于打了马赛克，所以昆虫很难判断花的形状和颜色。不过昆虫能感知花反射的紫外线，所以很容易找到花。蜜蜂的视力大约是人类的1/80～1/100。

通过观察桃和梨的内部构造，来了解果实的构造和作用吧。

准备材料 桃，梨，刀，植物图鉴

生命·植物

<桃和梨的构造>

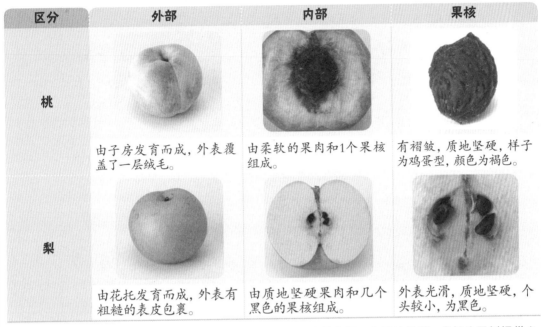

区分	外部	内部	果核
桃	由子房发育而成，外表覆盖了一层绒毛。	由柔软的果肉和1个果核组成。	有褶皱，质地坚硬，样子为鸡蛋型，颜色为褐色。
梨	由花托发育而成，外表有粗糙的表皮包裹。	由质地坚硬果肉和几个黑色的果核组成。	外表光滑，质地坚硬，个头较小，为黑色。

▲ 果肉的外表有表皮包裹，具有保护果核和储存营养成分的作用。为果核发芽，成长为果树提供必要的养分。

通过观察得出的结论 果实是果核与保护果核的外皮的统称。果核是由花粉和胚珠结合后形成的。为了保护果核，果肉中储存了很多养分，但果实也经常成为其他动植物的食物。

科学家的**眼睛**

真果和假果

一般来说像大豆或红豆一样，由子房发育形成的果实被称为**真果**。与之相反，有的植物果实不是由子房发育形成的，这种果实被称为**假果**。假果如苹果和梨的果实，这两种果实是由花托发育形成的。草莓也是由花托发育形成的。石榴籽则是由雌花的花萼发育形成的假果。

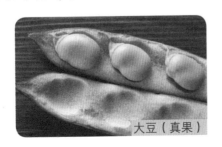

大豆（真果）

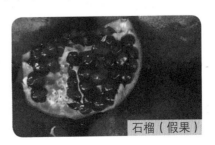

石榴（假果）

通过苹果的成长过程来了解植物果实的形成过程吧。

准备材料　苹果，植物图鉴

苹果的成长过程

① 苹果树春天开粉红色的花。

② 依靠蜜蜂等昆虫授粉。

胚珠　　　　花粉

③ 经过一段时间后，花粉和胚珠结合在一起，产生种子。

④ 种子逐渐长大，子房和其他部分逐渐发育长成果实。

▲ 果实会吸引很多昆虫和动物。而被昆虫或动物吃完的果实，由于果核部分难以消化，所以有可能被昆虫或动物带到很远的地方。因此，果实有助于果核的传播，果核传播的方式与果实的形状和内部构造有着密切的关系。

通过调查得知的结果　植物有着各种各样的授粉方式，授粉后子房或其他部位发育形成果实。果实是植物的种子传播到远处的工具。

科学家的眼睛
胚珠是如何让种子发育的呢？

　　胚珠会发育成成熟的种子，而种子由种皮、胚、胚乳组成。这时珠被失去水分，为了保护胚和胚乳质地而变得坚硬。胚是将来能够发育成小植物的部分，胚乳是为胚发育成植物储存必要养分的部分。当胚和胚乳进入到上述阶段后，种子就会陷入睡眠状态。等达到一定的温度和湿度后，种子就会发芽。

外面现在很冷，没法发芽，还要再等等。

植物果实的排列也隐藏着科学的秘密?

观察松塔或者向日葵，我们会发现它们的果实排列得十分紧密有序。
那么这种排列对植物的成长有什么帮助呢?

松塔

向日葵

仔细观察植物果实的排列，我们会发现朝向一定方向的螺旋形，以及反方向的螺旋形。以松塔为例，如下图所示，我们能看到8个顺时针方向旋转的数列。而逆时针方向的旋转个数为13个。向日葵也有着类似的旋转方式，向日葵顺时针旋转个数为55个，逆时针旋转个数为89个。将数字罗列出来也就是1，2，3，5，8，13，21，34，55，89，144……仔细观察这一组数字，我们能够发现，前两个数字之和，恰好等于第三个数字。不只是果实的排列，花瓣的个数、叶子的个数也都有着相同的排列规律。这种规律性的数列被称为斐波那契数列。

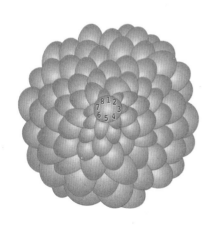

顺时针方向的螺旋

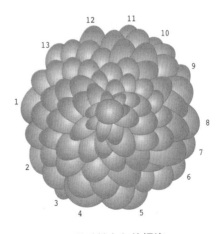

逆时针方向的螺旋

这种数的排列能利用最小的空间，排列最多的种子。这种自然现象被认为是最美丽、最完美的黄金比例。这种排列方式能使植物以更加均衡理想的状态适应自然，在大自然中保护好自己。

植物学家研究什么东西，为我们提供了哪些信息呢？让我们变身植物学家，细心观察学校里生长的植物，制作包含植物特征和名字的植物图鉴吧。

准备材料 植物图鉴，植物照片资料，剪刀，

① 选择学校中你喜欢的植物。

② 将选择的植物用铅笔画在纸上，或拍照后贴在纸上。

③ 利用植物图鉴或在网上搜索，写下植物的名字、特征和用途等。

特征包括植物的叶子、茎、根、花和果实的特征。

◀ 和朋友们一起将制作的作品收集起来，就可以制作出我们学校的植物图鉴。

通过调查得知的结果　发现新植物的时候，为它命名，调查它的特征是植物学家最先做的事情。植物图鉴是仔细观察植物后，详细整理它的特征、长相、名字等信息的书籍。

科学家的**眼睛**

制作迷你书式的植物图鉴

如果制作迷你书式的植物图鉴，在参加野外活动时我们可以随身携带，十分方便。

① 准备纸和剪刀。

② 如图，将纸横向折叠，然后展开。

③ 再将纸竖向折叠。

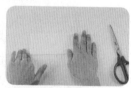

④ 在折叠的状态下，再一次竖向折叠。

⑤ 将纸展开，沿着中间的折痕，在双边的这一侧只剪一半。

⑥ 然后将纸全部展开，向剪开的地方横向对折两次。

⑦ 按照照片中的样子折叠。

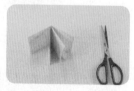

⑧ 折叠后迷你书就做好了。

从年轮了解植物的特性

年轮是什么?

一般树在四季分明的气候条件下,夏天是生长季,冬天会停止生长。由于这种生长特征,树的细胞形态和颜色也会有所变化,这种变化导致了年轮的出现。

树的内部构造,根据季节和生长程度的不同,分为春材和秋材。春材是春天和夏天形成的细胞质,细胞大,而且细胞膜很薄,组织间隔大,颜色为浅色。而秋材是秋天和冬天形成的细胞质,细胞较小,细胞膜很厚,组织较为紧密,颜色为深色。

随着季节的变化,春材和秋材交替出现。春材和秋材合在一起就是一年的年轮。

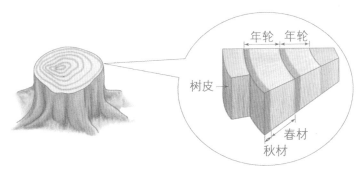

年轮的构成

热带地区的植物也有年轮吗?

年轮出现在季节分明的地区,那么在热带这种影响树木生长速度的环境因素几乎没有变化的地区又会怎么样呢?

在热带地区,树木一般没有年轮,也有的树木年轮一年或数年出现一次。这样的年轮与温带地区的年轮不同,年轮间的间隔很大。而且在热带雨林地区,由于没有季节的变化,所以树木上没有年轮。在干湿季节分明的热带草原地区,则可以看到年轮。

热带雨林

热带草原

小生物

我们周围有哪些小生物呢？它们生活在哪儿，生活方式有什么不同吗？

16 观察　显微镜下的微小生物

我们周围有着千奇百怪的小世界。人们肉眼很难发现这些小世界，使用道具便可以观察到。通过放大镜或者显微镜来观察我们身边的小世界吧。

> 准备材料　放大镜或数字显微镜，各种观察对象，皮氏培养皿或采集信封

观察小生物的顺序

① 寻找我们想要观察的小生物。

② 将观察对象放在采集信封或皮氏培养皿中。

③ 使用放大镜或数字显微镜观察，将观察到的东西画出来（如果使用的是数字显微镜，可以将观察到的东西储存在电脑上）。

小世界中的小生物

▲ 池塘水
　浮萍，水蚤，孑孓，水绵等

▲ 花园中的土
　蚯蚓，蜘蛛，蚂蚁，霉菌等

▲ 脱落的树皮
　苔藓，蘑菇，霉菌，蛾卵，蜘蛛等

通过观察得出的结论　想要观察到肉眼不易发现的对象，我们需要选择合适的工具。在我们身边，有着无数个小世界，小世界中生活着各种各样的小生物。通过显微镜或者放大镜，我们就可以发现并观察到这些小生物。

随着小生物生活的场所不同，它们的长相和特征也不同。让我们一起来调查我们身边的小生物吧。

准备材料　采集用品，动、植物图鉴

调查小生物的计划

1.选择要调查的小生物。　→　2.调查小生物栖息地的特征。　→　3.确认采集的场所，调查内容，准备物品。

采集小生物时的注意事项

① 穿可以遮住手腕和脚腕的衣服。这样可以避免因树木、草、昆虫等产生的刮伤或中毒现象。

② 穿戴袜子、手套、帽子、鞋子等。这样可以避免受到蛇或蜈蚣等有毒生物的袭击，以及外部的冲击。

③ 少收集生物，观察完后，在哪里采集的生物，在哪里将其放生。按照调查计划采集小生物的数量，尽量减少对生态界的破坏。

通过调查得出的结论　由于小生物生活的环境不同，小生物的长相和特征也不相同，所以在调查小生物时，一定要做好功课，事先了解采集场所，调查及观察内容，采集生物的种类。

科学家的**眼睛**

根据小生物的种类，准备不同的物品和使用不同的采集方法

吸虫管	捕虫网	水网	保鲜袋

对于很难用手抓住的、移动的小生物（步行虫、蜘蛛、蚂蚁等），可以用这种工具。一根管朝向要采集的生物，对另一根管吸气，就可以将生物采集到瓶中。

对于飞在空中或移动迅速的生物，可以使用捕虫网进行采集。在树木或草丛中挥动捕虫网即可进行采集。

采集生活在水面或水下的生物时，可以使用该工具。采集后，使用烧杯、透明瓶或者水桶保管。

采集生活在土壤中的生物时，以及装从水中捞到的生物时可使用保鲜袋。使用时，最好将生物的采集日期、采集场所、生物的名字等详细记录下来，方便以后确认。

生命·动物

生活在水中的小生物有哪些呢？它们有什么特征呢？让我们一起来观察水中的小生物，了解它们生活的环境吧。

准备材料　动、植物图鉴，皮氏培养皿，实体显微镜

· **外貌形态和特征：** 深绿色的狭长形，在水中呈团状。
· **生活的环境：** 在水温较高的季节，主要生活在湖水、沼泽以及流动的水中。

水绵

· **外貌形态和特征：** 外表包裹有一层透明的表皮，有4～6对腿，为椭圆形。依靠前面的触角移动和游动。
· **生活的环境：** 主要生活在池塘等静水中。

水蚤

· **外貌形态和特征：** 长有2～6个圆叶，根为白色，叶子背面有气囊。
· **生活的环境：** 生活在水田或池塘的水面上，一般为许多个体聚集生活。

浮萍

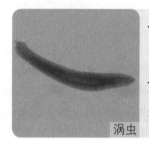

· **外貌形态和特征：** 体长1～3cm，虫体扁平狭长，灰褐色。头部为三角形。
· **生活的环境：** 生活在河流或湖水的底部和石头下面。

涡虫

通过观察得出的结论 随着水流程度、水深和水量的不同，生活在水中的小生物外貌形态和特征也不尽相同。它们都选择了对各自觅食、呼吸和居住最为方便的生活方式。生活在水中的小生物有水绵、水蚤、浮萍、涡虫、孑孓等。

科学家的**眼睛**

生活在水中的小生物有哪些呢？

在水中，不仅生活着水绵和水蚤，还生活着各种各样的生物。观察小溪或河边，我们有时候会发现一大片绿色的东西，那是与水绵同属一门的绿藻类植物。绿藻类中有新月藻、鼓藻、小球藻等。另外，水中还有黄褐色的硅藻。在水中，不仅有绿藻、硅藻这种不能移动的小生物，还有变形虫、草履虫、眼虫等可以自由移动的小生物。

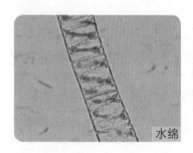

水绵

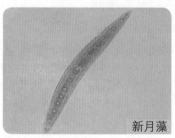

新月藻

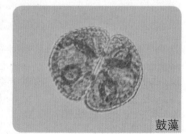

鼓藻

所谓湿地，指的是河流、池塘、沼泽、海滩等长期有水和丰富无机盐的生态环境。有无数种生物将湿地作为自己的栖息地。一般的湿地，指的是与淡水河相连的沼泽，以及有海水进入的海滩。湿地是生物进行生命活动的地方，被视作大自然资源的宝库。让我们来了解不同湿地中生活的小生物有哪些，以及了解湿地的特征和重要性吧。

湿地

生命·动物

生活在沼泽中的小生物

沼泽

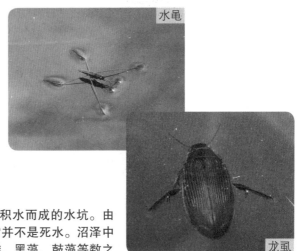

水黾

龙虱

▲ 沼泽指的是水深在3米以下的湖水或其他积水而成的水坑。由于水深较浅，水面容易被风吹动，所以它并不是死水。沼泽中生活着龙虱、红娘华、水黾、石蛾、蜉蝣、黑藻、鼓藻等数之不尽的水生生物。

生活在海滩上的小生物

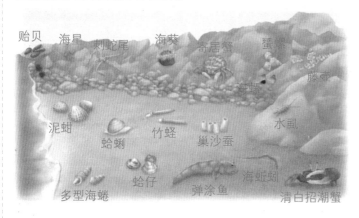

贻贝　海星　刺蛇尾　海葵　寄居蟹　蝾螺　滕壶　泥蚶　蛤蜊　竹蛏　巢沙蚕　水虱　海蛞蝓　蛤仔　弹涂鱼　海蚯蚓　多型海蜷　清白招潮蟹

◀ 海滩可以分为石滩、沙滩、泥滩。海滩种类不同，生活在其中的小生物种类也不同，并且它们的生活方式也有所不同。在海滩，我们可以观察到螃蟹、海蚯蚓、藤壶、海螺、海星、海葵等生物。

通过调查得出的结论　湿地是河流、池塘、沼泽、海滩等具有安定生态环境的地方，里面生活着丰富的生物，被誉为大自然资源的宝库。生活在湿地上的生物有龙虱、红娘华、黑藻、蚯蚓、藤壶、海螺等。

生活在土壤中的小生物是什么样的，它们的外貌形态和特征是怎样的呢？让我们一起来观察生活在土壤中的小生物，了解它们的生活环境吧。

准备材料 动、植物图鉴，皮氏培养皿，实体显微镜

地钱

地钱雌株

地钱雄株

· 外貌形态和特征: 没有根、茎、叶子的区别，长大后会有伞片分开的雌株和伞片展开的雄株之分。喜欢潮湿背阴的环境，有助于防止水分蒸发。

· 生活的环境: 生活在荫蔽潮湿的石头缝隙中，或者树荫旁边。

蚂蚁

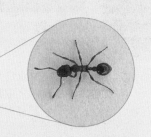

· 外貌形态和特征: 身体被坚硬的外壳包裹。上颚发达，能够咬碎和运送食物，以及在地底建造房屋。

· 生活的环境: 主要在地表和地底建造房屋，群居生活。

小型放大镜是什么？

小型放大镜是观察被圈在一个地方的小动物时用到的工具。具有不杀死小动物，也可以进行观察的优点。

通过观察得出的结论 地表和地底生活着各种各样的生物。生活在土壤中的小生物有地钱、蚂蚁等，它们从土壤中获得必要的养分和水分，外貌形态和特征也便于在土壤中生活。小型放大镜适合在观察蚂蚁等小生物时使用。

科学家的眼睛
地钱只有雌株和雄株之分吗？

观察地钱，我们会看到植物下方宽大扁平的叶子部分和植物上方雨伞形状的部分。一般我们将雨伞形状的部分称作雄株和雌株。而在下方的叶子部分（叶状体），我们能看到杯子形状的圆形小芽，它被称为"无性芽"，这里是没有雄株和雌株的受精形成地钱的部分。实际上，地钱主要通过无性芽繁殖。

无性芽

滚圆形状的我就是"无性芽"。

人类生存需要衣服、食物和房子等。让我们一起来思考小生物生存需要的条件，然后选定小生物，为它营造一个家吧。

准备材料 放大镜或实体显微镜，各种观察对象

生命·动物

小生物生存所需条件

能够生存的地点
（繁殖地）　　　　食物或养分　　合适的温度和湿度

<打造蚂蚁、霉菌、苔藓的栖息地>

分类	蚂蚁	霉菌	苔藓
准备物品	一个饲养箱或塑料桶，采集的蚂蚁，附近的土和沙子，树叶，水果或点心等。	煮熟的土豆、蒸好的玉米、面包等，喷雾器，塑料纸，皮氏培养皿。	通风的饲养箱，曾经有苔藓生活的地方的木块或土，喷雾器。
注意事项	为蚂蚁准备家时，需要考虑到采集蚂蚁时，蚂蚁居住的环境。另外，要有蚁后，才能形成一个蚁群。	注意不要被阳光照射，要定期用喷雾器喷水防止其变干。	为了营造湿润、营养充足的环境，需将其放在阴凉处，用掺入水和肥料的喷雾器喷洒。

通过观察得出的结论 培养小生物，一定要为生物提供它能够生存的场所（栖息地），必要的营养，以及适合生存的温度和湿度等非生物性的条件。只有为生物提供它所需要的环境条件，才能使它生存下去。

科学家的眼睛

蜉蝣只能活一天吗？

蜉蝣只能活一天吗？蜉蝣在幼虫时期有嘴，但在成虫时期，嘴部退化，无法进食，只能饮水为生，因此看起来它的寿命很短。不过蜉蝣幼虫在水里大约会度过一年的时间，成虫时期能活1~2周。所以，蜉蝣并不是只能活一天，而是活一年以上。

我只能活一天吗？

小生物的影响

对我们的生活和健康造成影响的小生物有哪些呢？

22 调查 对人类有益的小生物作用

生活在我们身边的小生物对我们有哪些帮助呢？让我们来了解一下吧。

准备材料 百科辞典，动、植物图鉴，网络

制作发酵食品的小生物

奶酪

▲ 牛奶凝固、发酵后制作的食品，有各种味道和香气的奶酪。

泡菜

▲ 韩国传统的发酵食品，通过各种乳酸菌发酵作用而成，味道有些酸。

酸奶

▲ 在牛奶中加入乳酸菌发酵凝固后的食品，有助于消化和肠道健康。

大酱

▲ 利用使大豆发酵的酱曲制作而成的韩国传统发酵食品，辣椒酱的制作原理也与之相同。

鱼酱

▲ 在鱼肉、鱼子中加入食盐发酵后制作的食品，有虾酱、蛤蜊酱、明太鱼子酱。

食醋

▲ 使谷物或水果发酵制作而成的酸味调味品。

有助于我们生活的小生物

蚯蚓

分解食物垃圾，排泄出营养丰富的粪便。在土壤中钻来钻去的蚯蚓，还有助于土壤中空气的流通。

七星瓢虫

它是威胁庄稼生长的蚜虫的天敌。

通过调查得出的结论 对我们有益的发酵食品有奶酪、泡菜、酸奶、大酱、鱼酱、食醋等。发酵食品是利用乳酸菌或酵母菌等微生物制作的食物。此外，有益于我们生活的小生物还有蚯蚓和七星瓢虫等。

影响我们健康的小生物有哪些呢？我们来寻找让我们生病或帮助我们治疗疾病的小生物吧。

准备材料 关于霉菌、细菌、病毒的资料

生命·动物

种类	特性	例子	
霉菌	帮助我们制作发酵食物和抗生素。但由于带有毒性，也会引发疾病。	 菌丝 米曲霉 制作酒、大酱时常使用米曲霉，颜色有白色、黑色和褐色。	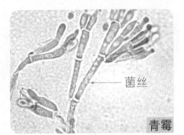 菌丝 青霉 通常用于抗生素青霉素的制作。
细菌	大肠杆菌在肠道内是益生菌，但在肠道外，也与其他细菌一样，能够导致疾病的产生。	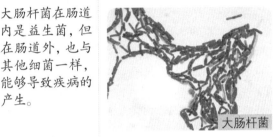 大肠杆菌 存在人和动物体内的细菌，能够阻止肠内有害菌的繁殖。也能够用于癌症的诊断和治疗。	葡萄球菌 经常存在于人和动物的黏膜中，能够引起食物中毒和发炎等病症。
病毒	最近通过对病毒的研究，人们开始用它复制需要的物质。但因蚊子传递的病毒有可能引发疾病。	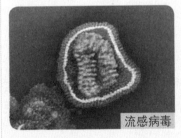 流感病毒 引发感冒的主因。最近在全世界引发死亡的H1N1也是病毒引起的。	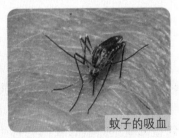 蚊子的吸血 蚊子能将病原菌或病毒传给人类，引发可怕的热病。

通过调查得出的结论 有的小生物存在于人的身体内，有益于我们的身体健康。影响我们健康的有霉菌、细菌和病毒。有些霉菌、细菌和病毒虽然会有害于人的健康，但如果使用方法得当，也能够有益于身体健康。

生态学家们主要用什么样的方式研究生物呢？让我们一起来收集家庭、学校和小区等环境中生活的小生物，制作小生物生态地图吧。

准备材料 纸，动、植物图鉴，彩纸，彩色笔，小生物照片，剪刀，胶水

生态学家的工作

▲ 为了帮助大家了解生态界，生态学家将各种生物的资料收集起来，并进行分析。而且，生态学家还为我们研究和保护生态提供了必要的信息。

什么是生态地图?

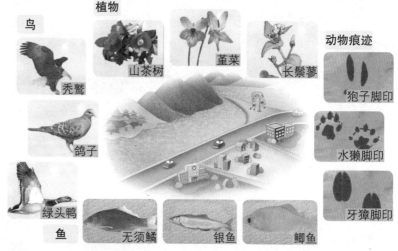

植物

鸟
秃鹫
鸽子
绿头鸭

鱼
无须鳕　银鱼　鲫鱼

山茶树
堇菜
长鬃䓖

动物痕迹
狍子脚印
水獭脚印
牙獐脚印

▲ 生态地图为大家提供了不同环境中生存的生物的特征和生活方式等信息。通过生态地图，我们既可以了解到分布在不同地区的生物信息，还能了解到诸如冬季的候鸟有哪些等发生在我们当地的事情。

制作生态地图的顺序

第一阶段	调查当地生物的种类和生态环境

▲ 寻找学校、家庭或小区周围的小生物。

第二阶段	整理生物栖息地、生活方式和我们生活的关系

▲ 整理调查的小生物，整理生物生活地的环境特征以及对我们生活造成的影响。

第三阶段	通过多样创意的表现方式制作生态地图

▲ 提供生物的繁殖地、名字、特征和外貌形态等基本信息，有不足之处加以补充。

通过调查得出的结论 生态学家收集、分析生活在地球上的各种生物的相关资料，为我们提供必要的信息。通过生态地图，我们可以了解到生活在不同环境中的生物不同的特征和生活方式，获得各种生态信息。

科学家的眼睛

生物圈2号（Biosphere 2）的故事

从1991年9月开始，科学家们在美国的亚利桑那州建立了一个人工生态循环系统。但生物圈2号项目最终因氧气的减少，二氧化碳的增多而失败。出现这种失败最大的原因是没有充分发挥细菌、昆虫、植物等小生物的作用。所以说，小生物对于维持地球生态环境有着至关重要的作用。

维持地球生态圈，小生物的作用很重要哦。

生物圈2号全景

水绵是动物，还是植物？

我们在前面已经学习过了，小生物的种类丰富多样。小生物们全都可以分成动物和植物吗？那么水绵、霉菌和蘑菇是植物还是动物呢？

地球上生存着大约200万种生物。直到现在仍有很多种生物刚刚才被人类发现并且命名，迄今为止没有被人类发现并命名的生物应该还有很多。为了了解各种生物的特性，人们需要按照生物的相似点和不同点将它们区分开来，这便是分类学出现的契机。

1707年出生在瑞典的林奈创建了一套分类法，即使不是植物学家，也可以将动物和植物轻松地进行分类。他将地球上存在的生物分为动物和植物两大类。不过随着发现的生物越来越多，人们迫切需要对生物进行更加细化的分类。

生物可以分为植物和动物。

▲ 林奈
（Carl von Linné,1707—1778）

生物不仅包括植物和动物，还有原生生物。

▲ 海克尔
（Haeckel Emst,1834—1919）

海克尔为了解决这一问题，在植物、动物这一基本观点的基础上，又提出了被称为原生动物的微生物这一分类。改变了人们关于生物学一直持有的动物植物两分法的分类概念。

在林奈和海克尔提出的分类方式的基础上，在现代生物分类学中，人们将生物分为动物界、植物界、真菌界、原生生物界、原核生物界五类。近年来，人们根据生物的细胞差别，将生物分为古细菌、真细菌和真核生物三大类。生物分类是经常变化的，而且根据标准的不同，分类也不同。但只有符合逻辑的分类，才能使人们信服。

现在回到我们的这个问题吧。

水绵按照林奈的分类标准属于植物，而按照海克尔或五大类分类法的分类标准，水绵属于原生生物。霉菌和蘑菇都属于真菌类。

我们的身体1

我们是怎么移动身体的呢？我们的身体内部有哪些器官呢？

25 实验 制作人体模型

使用各种方式移动我们的身体，利用纸和开口销制作人体模型。

准备材料 自己的头部照片，画纸，剪刀，签字笔，胶水，开口销

① 移动身体，寻找发生弯曲和展开的部分。

② 找出会弯曲和展开的部分，将其画在纸上，然后剪切下来。

③ 用开口销将各个部分连接起来，并贴上自己的头部照片。

④ 确认用开口销固定的部分，与实际身体中会弯曲的部分是否一致。

▲ 模型和人体的手腕、脚腕都能够向内外移动。

▲ 模型的手肘部分可以向内外移动，而人体的手肘部分只能够向里移动。

心脏位于左胸部分，大概有我们的拳头大小。

胃为口袋状，位于左侧肋骨的下方。

肝像是被磨掉棱角的直角形。

⑤ 回想曾经在书上、电视上看到过的身体器官的种类及形状，将它们画在人体模型上。

通过实验得出的结论 骨与骨连接的地方称为关节。人体模型中手肘部分可以内外移动，但实际中人体的手肘部分只能向内部移动。

开口销的使用方法

制作人体模型时，最好使用小型开口销。拿起开口销的圆头部分，穿透纸部，也可以事先用小锥子在纸上钻孔。然后一手固定住开口销的圆头部分，一手将开口销的尖头掰成两部分。

开口销穿透纸张后的样子　　开口销固定好后背面的样子

木偶，匹诺曹

匹诺曹是《木偶奇遇记》（1883）中的主人公。做家具为生的薛贝特老伯伯，用木块做了一个人形玩偶，并给他取名叫匹诺曹。匹诺曹经过了很多冒险，最终变成了人。实际上匹诺曹是用木头制作的木偶。观察木偶，我们能够发现有很多线将木偶的胳膊、腿等部位和操纵台连在一起，所以通过操纵处可以操纵木偶。

与操纵处相连的木偶　　木偶

使用锡纸制作人体模型

使用锡纸也可以制作人体模型。如图片所示，用剪刀在锡纸上剪切出身体的模样，如果感觉锡纸容易撕破，可以再剪切一遍，将两张锡纸贴在一起。然后用彩色胶带将锡纸包裹一遍，将胳膊弯曲，表现出它的可移动性。最后使用油性笔将体内的器官画在上面。

头部	
胳膊部分	胳膊部分
躯干部分	
腿部	腿部

剪切锡纸的方法
* 请剪切实线部分。

 ① 使用剪刀将锡纸剪切成图中的形状。

 ② 弯曲人体模型上的腿部和胳膊，表现它的可移动性。

 ③ 身体的轮廓做好后，用彩色胶带将其包裹一层。

 ④ 使用油性签字笔画出身体内的各个器官。

触摸我们身体上的骨骼，了解骨骼的构造和作用。

准备材料　骨骼模型

部位	骨骼的种类	形状	作用
	头骨	圆形	保护大脑
	肋骨	许多条肋骨左右相连，形成一个很大的空间。	保护身体内部的心脏、肺等内脏器官。
	脊椎骨	与许多突起相连。	支撑身体。
	尺骨	狭长，与多块骨骼相连。	与肌肉相连，使胳膊可以弯曲和伸展。
	腿骨	比尺骨更长，与多块骨骼相连。	与肌肉相连，使腿部可以弯曲和伸展。

头骨

关节：骨与骨相连的地方

肋骨

脊椎骨

尺骨

腿骨

骨骼模型

通过观察得出的结论　我们的身体中有头骨、肋骨、脊椎骨、尺骨、腿骨等。各个骨骼的形状不同。骨骼既能够支撑我们的身体，又能够保护我们身体内部的各个器官。

科学家的**眼睛**

为我们的骨骼拍照的X射线

高速的电子冲撞物体时，会出现一种穿透力极强的射线（X射线）。这种射线称为X光或X射线（X-ray）。X射线在通过物体时，会被物体吸收，随之变弱。通过较厚的物体时，X射线无法到达胶卷，这一部分会呈现出白色。而X射线通过较薄的物体时，能到达胶卷，这一部分会呈现出黑色。

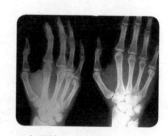

X光照片

观察胳膊弯曲和展开时，上臂肌肉的粗细和移动变化。

准备材料　肌肉模型，软尺，油性签字笔，箱子（20cm×5cm），长筒袜，棉花，粗棉线，刀，剪刀，透明胶带

测量肌肉的粗细

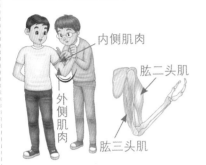

内侧肌肉
外侧肌肉
肱二头肌
肱三头肌

肌肉模型

▲ 胳膊弯曲时
肌肉长度大约为22.8cm，内侧的肌肉收缩，外侧的肌肉伸展。

▲ 胳膊伸展时
肌肉长度大约为22.5cm，内侧的肌肉展开，外侧的肌肉收缩。

制作骨骼和肌肉的模型

① 在三个箱子中选择一个剪切成两半，选取一半作为肩胛骨。将三个箱子相对排放。

使用透明胶带的部分。

② 在图片中上臂和下臂处，使用透明胶带固定。

③ 在肩胛骨和上臂合适的地方用刀剪切口子，以方便棉线穿过。

④ 将两个长筒袜填满棉花，对于用在上臂的长筒袜，需要多填充一些棉花，然后将袜子的两端系紧。

⑤ 使用棉线将放在上臂上方的长筒袜捆绑结实。在上臂的下方也要捆绑一个长筒袜。

⑥ 抓紧棉线处，然后松开，观察这个过程中骨骼和肌肉模型的变化。

结果

内侧肌肉
外侧肌肉

▲ 完成后的骨骼和肌肉模型
拉紧棉线时，内侧的袜子收缩，外侧的袜子展开，箱子变得弯曲。

通过实验得出的结论　胳膊弯曲时，内侧的肌肉收缩，外侧的肌肉展开。胳膊伸展时，内侧的肌肉展开，外侧的肌肉收缩。我们的身体随着骨骼附近肌肉的收缩或展开而移动。

为了维持正常的生命活动和生长，我们需要一定的营养，而我们所需要的营养，则来自我们每天所吃的食物中。我们吃下去的食物会怎么样呢？让我们来思考从嘴里吃下去的面包会经历哪些过程，然后排出体外吧。

准备材料 面包，消化器官模型

消化器官和消化过程

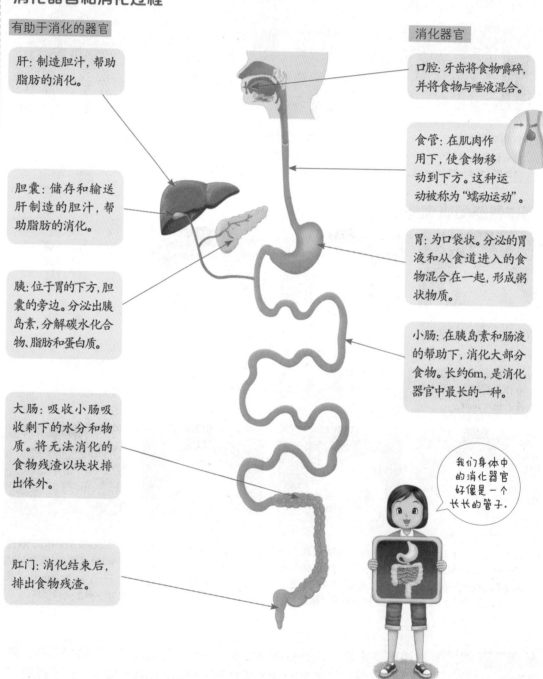

有助于消化的器官

肝：制造胆汁，帮助脂肪的消化。

胆囊：储存和输送肝制造的胆汁，帮助脂肪的消化。

胰：位于胃的下方，胆囊的旁边。分泌出胰岛素，分解碳水化合物、脂肪和蛋白质。

大肠：吸收小肠吸收剩下的水分和物质。将无法消化的食物残渣以块状排出体外。

肛门：消化结束后，排出食物残渣。

消化器官

口腔：牙齿将食物嚼碎，并将食物与唾液混合。

食管：在肌肉作用下，使食物移动到下方。这种运动被称为"蠕动运动"。

胃：为口袋状。分泌的胃液和从食道进入的食物混合在一起，形成粥状物质。

小肠：在胰岛素和肠液的帮助下，消化大部分食物。长约6m，是消化器官中最长的一种。

我们身体中的消化器官好像是一个长长的管子。

消化

生物为了维持生命需要能量。植物通过阳光自己制造养分，而动物无法自己制造养分。所以动物需要吃食物以从外界摄取养分。人们也需要吃"食物"获取养分。

但是我们吃的食物并不会被身体原样吸收。比如吃面包时，我们的身体并不会将面包整块吸收。为了将养分传递到细胞中，需要将食物弄碎，这就是消化。例如，我们在吃面包时，牙齿会首先将面包嚼碎，然后面包在胃和小肠中被分解得更小。我们身体中与消化有关的器官便是消化器官。

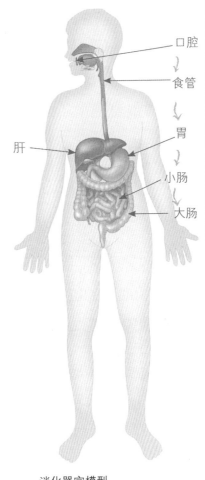

口腔
↓
食管
↓
胃
↓
小肠
↓
大肠

肝

消化器官模型

生命·人类

面包

消化作用

被消化分解的面包

通过调查得出的结论 人们通过食物摄取养分，获得生命必需的能量。为了使食物中的养分被身体吸收，需要将大块的食物分解成小块，这个过程被称为**消化**。消化器官和消化过程为口腔→食管→胃→小肠→大肠。肝、胆囊、胰、唾液腺是有助于消化的器官。

科学家的眼睛
消化药是什么？

消化药是提高肠胃消化功能的药品，包括消化酶素药和改善胃蠕动的改善药。消化酶素药主要作用在小肠上，能够分解养分，使小肠吸收能力更好。消化酶素药一般在饭后有腹泻现象时服用。胃蠕动改善药一般用于饭后有腹胀或积食时使用，饭前30分钟服用效果最好。

消化药

为了感受我们身体中心脏的跳动，利用听诊器听听心脏搏动的声音吧。通过观察血液循环模型，来了解心脏和血管的位置、形状及其作用。

准备材料　秒表，听诊器，水箱，水，红色食用色素，石油注入器，循环器官模型

心脏的跳动

◀ 将手放在左胸处，可以感受到心脏有规律的跳动。

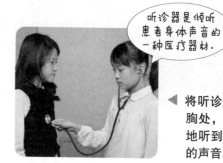

听诊器是倾听患者身体声音的一种医疗器材。

◀ 将听诊器放在左胸处，可以清晰地听到心脏跳动的声音。

<心脏和血管的位置及形状>

循环器官	位置	形状
心脏	左胸中	拳头大小，圆形口袋状。
血管	分布在全身各处	狭长的管状，如树枝状分布，十分复杂。

心脏的作用——石油注入器实验

① 在水箱中大约倒入一半的水，然后倒入红色食用色素。

② 将石油注入器中坚硬的管子放在水中，柔软的管子放在水面上。

③ 按压水泵（石油注入器中红色的部分）。

结果

◀ 石油注入器抽到的水，流到了另一边的管道中。

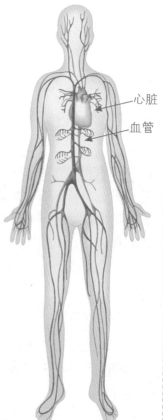

心脏

血管

循环器官模型

心脏的作用——和石油注入器实验比较

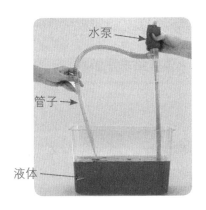

水泵
管子→
液体

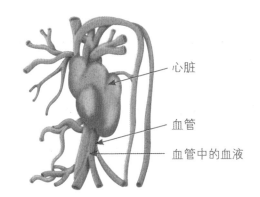

心脏
血管
血管中的血液

石油注入器实验	作用	身体器官
水泵	通过水泵作用，液体可以向一个方向流动。	心脏
管子	液体流动的管道。	血管
液体	体内血液的作用。	血液

通过实验得出的结论 心脏是血液循环的中心，通过水泵作用向全身输送血液。血液为身体提供必要的氧气和养分。从心脏中出来的血液通过血管流向全身，然后又回到心脏。与血液循环相关的心脏和血管便是循环器官。

脉搏

　　心脏收缩，血液流入动脉时，感到压力的动脉会膨胀，这就是"**脉搏**"。脉搏只能在动脉中感受到，测量脉搏最方便的地方是手腕和脖子处。之所以在特定的部位能感受到脉搏，是因为经过该部分的动脉和皮肤十分接近。脉搏频率与心脏的搏动率是一致的，一般人们的脉搏频率为一分钟60~80次。

测定脉搏

血液循环的过程

　　血液将养分和氧气输送到全身的各个细胞中，并且将能量生产活动后产生的二氧化碳和废弃物输送到肺部和排泄器官。血液循环的过程为心脏→动脉→毛细血管→静脉→心脏。

氧气　二氧化碳

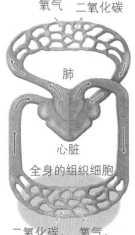

肺

心脏

全身的组织细胞

肺循环 —→
体循环 —→

二氧化碳，　氧气，
废弃物　　养分

血液循环的过程

我们的身体2

我们的身体都有哪些作用呢？我们身体的内部器官有哪些呢？

30 实验　我们是怎么呼吸的

我们一直在呼吸。吸入身体中的空气会怎么样呢？让我们来了解呼吸器官吧。

准备材料　尺子，呼吸器官模型

吸气和呼气时身体的变化

  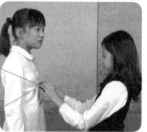

吸气时	部位	呼气时
上升	肩	回落
向上移动	肋骨	回到原位置
收缩	肚子	回落
68.1cm	胸围	67.2cm

呼吸器官的位置和形状

> 嘴？
> 嘴与鼻子相通，空气通过气管流动。嘴和鼻子一样都与气管相连，但嘴很难被称为呼吸器官。

鼻子：鼻孔中有鼻毛，比较潮湿，可以阻挡灰尘。

气管：为倒Y字形，与两个肺相连，表面有纤毛，可以黏附灰尘。

肺：有两个，位于胸腔内侧，吸入氧气，呼出二氧化碳。

制作呼吸器官的模型，
了解呼吸的过程

准备材料 塑料瓶，刀，Y字形玻璃管，橡胶塞，小气球，大气球，橡皮筋，剪刀，透明胶带

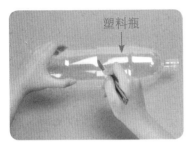
塑料瓶

① 用刀子将塑料瓶切成两半。

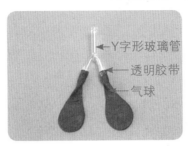
Y字形玻璃管
透明胶带
气球

② Y字形玻璃管的两端各戴上一个小气球，用透明胶带进行固定。

橡胶塞

③ 将Y字形玻璃管插在塑料瓶中，用橡皮塞将塑料瓶口堵住。

Y字形玻璃管相当于人的气管和支气管，两个小气球相当于肺，气球膜相当于横膈膜。

④ 将大气球剪成两半，将塑料瓶的下方包住，然后用透明胶带固定。

⑤ 拉扯塑料瓶下方的气球膜，观察有什么变化。

⑥ 松开气球膜，观察其变化。

结果

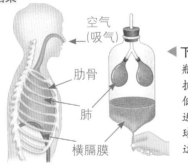
空气（吸气）
肋骨
肺
横膈膜

下拉横膈膜时
瓶子中的体积扩大，气压降低，外部的空气进入气球中，气球鼓了起来。这就是吸气。

空气的流动途径：鼻子→气管→支气管→肺

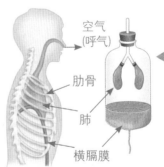
空气（呼气）
肋骨
肺
横膈膜

松开横膈膜时
瓶子中的体积减小，气球中的空气排出，气球变小。这就是呼气。

空气的流动途径：肺→支气管→气管→鼻子

通过实验得出的结论 吸入并排出空气的活动叫作**呼吸**。与呼吸相关的鼻子、气管、支气管、肺被称为**呼吸器官**。人们通过呼吸吸入身体需要的空气（氧气），呼出不需要的空气（二氧化碳）。吸气时空气按照"鼻子→气管→支气管→肺"的途径流动，呼气时空气按照"肺→支气管→气管→鼻子"的途径流动。

我们每天喝几次水，小便几次呢？下面让我们一起来了解小便形成的器官以及小便排出体外的过程吧。

准备材料 排泄器官模型

排泄器官的位置和外貌形状

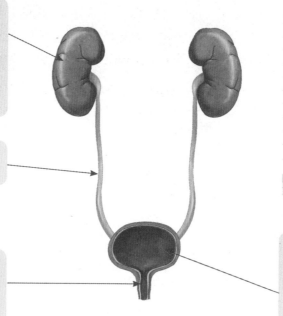

肾脏：为扁豆状器官，有两个，位于脊柱两旁浅窝处。
长约10cm，宽5cm，筛选出血液中的废物，以尿液的形式排出体外。

输尿管：细长型管道，与肾脏和膀胱相连。

尿道：将膀胱中的尿液排出体外的通道，与膀胱相连。

膀胱：与输尿管的两端相连，为口袋状。膀胱会储存尿液，等到一定量时排出体外。
肌肉具有弹性，会根据尿液量的变化而变化。成人男子的尿液容量约为600ml，女性约为500ml。

科学家的眼睛

废物是什么？

废物指的是生命体新陈代谢后产生的副产物，以及最终产物中生命体不需要或者对生命体有害的物质。在动物体内，新陈代谢后会产生氨、尿素、尿酸等废物。

排泄和排遗的不同之处

排泄指的是将新陈代谢产生的废物排出体外的过程，排遗则是食物消化过程中，因无法被消化而产生的残渣通过肛门排出体外的过程。即小便是排泄，大便是排遗。

血液中的废物排出体外的过程——肾脏的职责

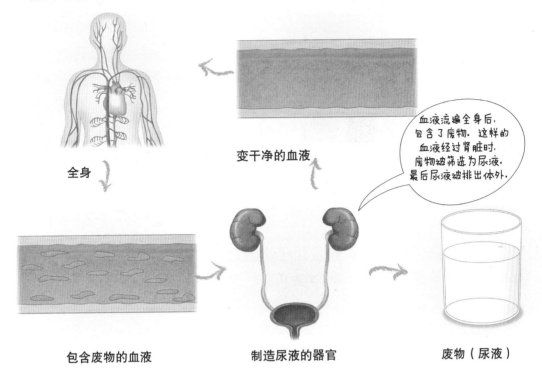

全身

变干净的血液

血液流遍全身后，包含了废物。这样的血液经过肾脏时，废物被筛选为尿液，最后尿液被排出体外。

包含废物的血液

制造尿液的器官

废物（尿液）

▲ 我们的身体通过营养成分和氧气制造身体必需的能量，这时会生成废物。废物如果不能排出体外，毒素就会在体内堆积，导致生病。像这种血液中的废物排出体外的现象就叫排泄。小便排泄的过程为"肾脏→输尿管→膀胱→尿道→体外"。

通过调查得出的结论 肾脏能够筛选血液中的废物，制造尿液。在肾脏形成的尿液经过输尿管、膀胱、尿道后排出体外。

科学家的眼睛

过滤后形成的尿液

生成尿液的过程包括通过血压差过滤尿液的过程。将绿茶包放在水中，过一段时间后，茶叶还在茶包中，绿茶味却和水融合在了一起。物质根据大小分类，可以分为能够过滤和不能过滤的物质。进入肾脏的血管很粗，而从肾脏出来的血管很细。由于血管的粗细差，血液的压力会瞬间增加。在这个压力的影响下，血液中的部分物质会通过毛细血管渗出去。

很窄小的东西给我出去!

原尿

了解感觉器官的职责，刺激传达与刺激反应的过程。

准备材料 水箱，眼罩，各种食物和物品，蓝旗，白旗，神经系统模型

神经系统模型

① 两人一组，其中一人戴上眼罩。

② 另一人将食物或其他物品放在水箱中。

闻了闻味道，是鱿鱼呢！

扁扁的，好像是三角形状，摸起来有腿，应该是鱿鱼！

③ 戴着眼罩的人通过各种感觉器官推测水箱中到底是什么。

猜出水箱中的食物或物品用到的各种感觉器官

眼睛	鼻子	嘴（舌头）	手（皮肤）	耳朵
看物体	闻气味	尝味道	触摸物体，感受热度、触觉	听声音

蓝旗白旗游戏

① 两个人一组。

② 一个人做出指示，如"举起蓝旗""举起白旗""不要放下蓝旗"等。另一个人拿着蓝旗和白旗做出与指示相反的行动（十次）。

③ 两人交换一次游戏。

④ 做出与对方指示相反的行动数的人为胜方。

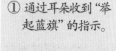

对刺激做出反应的过程

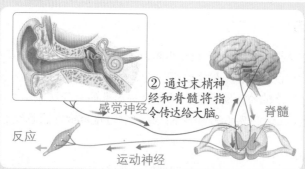

① 通过耳朵收到"举起蓝旗"的指示。

② 通过末梢神经和脊髓将指令传达给大脑。

感觉神经

反应

运动神经

脊髓

③ 大脑做出判断，然后发出"不要举起蓝旗"的指示。

④ 大脑的命令通过末梢神经和脊髓传达下去。

⑤ 接收到命令的运动器官，根据命令做出蓝旗不动的行动。

通过实验得出的结论 我们身体中的感觉器官能够接收到周围的刺激。对刺激做出反应的过程为：通过感觉器官接收的刺激→末梢神经→脊髓→大脑进行判断→脊髓→末梢神经→运动器官。

33 调查　运动帮我们远离疾病，促进身体健康

运动后我们的身体会出现很多变化。让我们一起来了解为什么身体会出现变化吧。调查我们的身体器官出现问题时出现的疾病种类，并且思考想要健康的生活应该怎样做。

准备材料　秒表，百科辞典，网上资料，报纸资料

生命·人类

运动后身体的变化和原因

运动后

① 站在原地一分钟内反复进行蹲下站起的练习，观察这时我们身体发生的变化。

▲ 喘气。
因为制造能量需要很多氧气。

▲ 发热，无力。
为了获取能量，血液供给加快造成的。

▲ 想要小便。
运动时需要制造能量，制造能量后产生的废物需要排出体外。

▲ 肚子饿。
运动消耗了能量造成的。

与各种器官相关的疾病

骨骼和肌肉	消化器官	循环器官	呼吸器官	排泄器官	神经系统
骨折，跌打损伤	腹痛，腹泻，肠炎	心脏病，贫血	感冒，哮喘，肺炎	肾炎，膀胱炎	小儿麻痹，阿尔茨海默症

运动与健康

身体中的废物会排出体外使身体变得更健康。

骨骼的关节和肌肉经过运动会变得更结实。

运动以后

胃口变好。

呼吸更加顺畅。

为了维持健康，需要规律的运动。最好要多喝水，还要经常换气，并且要均衡饮食。

通过调查得出的结论 运动后身体会出现各种变化，我们身体中的各个器官在履行各自的职能过程中联系会更加紧密。各个器官的功能如果出现异常，就会生病。运动可以让我们远离疾病，身体变得更加健康。

古人类学是研究古时候人类的一门学科。古人类学家将在地底深处挖到的骨化石收集并拼接在一起。现在想象我们是古人类学家，按照骨骼构造将骨化石拼在一起吧。

准备材料 骨骼模型，开口销，剪刀，剪刀，刀子，透明胶带，双面胶，钻孔器，油性笔，人体骨骼相关书籍

① 将骨骼模型剪切下来。

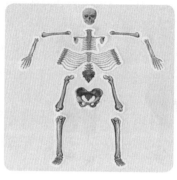

② 将头骨、骨盆、腕骨、腿骨等放好。

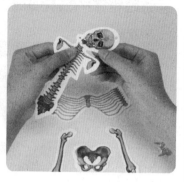

③ 骨头与骨头相连接，并且固定不变的地方用透明胶带固定住，头骨部分用开口销固定。

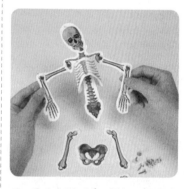

④ 骨头与骨头相连接，会移动的地方用开口销固定，将肋骨立体地贴在躯干的上面。

⑤ 检查用开口销固定的地方能否自由活动。

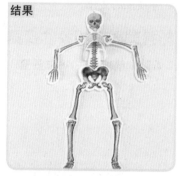

⑥ 完成后的人体骨骼模型。

通过实验得出的结论 我们的身体中有很多骨骼，它们之间相互连接。按照骨骼构造进行拼图十分简单。古人类学家就是参考现代人的骨骼构造，将骨化石进行拼接。古人类学家们先把挖掘到的骨骼中一眼就能看出来的放置好，如摆放好头骨、脊椎骨、胯骨等特征较为明显的骨骼，然后再放置其他骨骼。

科学家的眼睛

骨头有多结实呢?

人的骨头比相同重量的钢筋都要结实。需要强度的地方，骨头比较粗。需要弯曲的地方，骨头数量较多。容易受到伤害的部分，骨头也比较粗。需要肌肉杠杆作用的部位，骨头比较突出。为了保障神经和血管的安全，骨头上还分布有管道。

研究胃部消化过程的生理学家

通过解剖学，我们可以认识到身体中器官的形状和位置。但是在人活着的时候，我们很难了解到食物的消化过程。生理学家是怎么知道胃部的消化过程的呢？

18世纪意大利的斯帕拉捷为了了解食物的消化过程，将胃里的食物吐出来观察食物的变化，再将吐出的食物吃下去，几个小时后，又将食物吐出来观察其变化。

斯帕拉捷
(Lazzaro Spallanzani,1729 —1799)

1822年一个叫马丁的人因为胃部受了枪伤而求助于医生博蒙特。胃部被穿孔，看上去濒临死亡的马丁奇迹般地活了下来。博蒙特在为马丁治疗的过程中，从有孔的胃部确认了各种食物在胃里消化的事实。

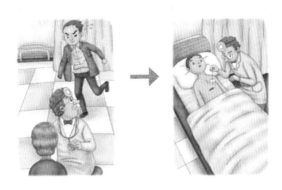

博蒙特
(William Beaumont,1785 —1853)

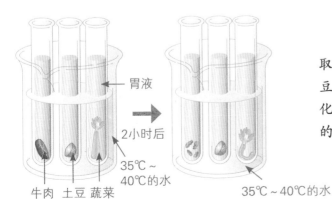

胃液

2小时后

35℃ ~
40℃的水

牛肉 土豆 蔬菜

35℃ ~ 40℃的水

而且博蒙特还在马丁的胃里提取了胃液，将胃液分别和牛肉、土豆、蔬菜等混合，观察它们的变化。通过这样的实验来直接观察胃的消化过程。

生态界和环境1

包括我们人类在内的动植物，与生态界中的环境要素有着什么样的相互作用呢？

35 观察　玩生态游戏，学生态关系

玩生态游戏，思考生态游戏的意义。

准备材料　生态游戏卡片，生态游戏分数记录卡

太阳100分　树70分　蚂蚁50分　兔子30分　环境受损-100分
土壤100分　杜鹃花70分　蚯蚓50分　秃鹫30分　环境恢复150分

生态游戏卡片

姓名			
游戏次数			
1次			
2次			
3次			
分数合计			

生态游戏记录片

① 四个人分别准备好书的附录中给的"生态游戏卡片"。四个人都将除了特别卡片之外的其他八张卡片放在一起，将这32张卡片混在一起，发给每个人8张。

② 分成两组进行剪刀石头布，赢的两个人在8张特别卡片中抽取一张。

③ 每个人手里拿的卡片，只留一张，剩下的都扣着交出去。这个时候把环境恢复的卡片留下，环境受损的卡片交出去。

④ 交出去多少张就换回来多少张，当某个人手里的8张或者9张卡片种类都不同时，大喊"echo*"。

⑤ 合计计算出卡片上的分数，玩三次游戏后，合计总分，选出"生态王"。

> 我的卡片有杜鹃花、栎树、蚯蚓、蚂蚁、秃鹫、兔子、特别卡片（环境恢复）。

> 人类在山里开路侵犯了动植物的生活空间。

> 兔子吃草。

> 一定不能侵害动植物的生活环境。

玩生态游戏的孩子们

* 注：echo为桥牌中向搭档报信息的回声信号。

通过观察得出的结论 通过生态游戏，可以让我们思考包括我们人类在内的动植物在生态界中相互影响的关系。

生物与自然环境有着密不可分的关系。生物生存必须要有水、空气、土壤，以及适合的温度。生活在某个地方的所有生物要素和非生物要素相互作用的现象即为生态界。

生物要素和非生物要素

生物要素	非生物要素
松鼠，兔子，青蛙，蛇，蝴蝶，蚯蚓，鱼（鳍鱼），小生物（水蚤），树，草，老鹰，狐狸，金钱豹，蘑菇，灰色鸭	土壤，水，空气，光，石子，石头

通过观察得出的结论 生物要素有松鼠、兔子、青蛙、蛇、蝴蝶、蚯蚓、鱼（鳍鱼）、小生物（水蚤）、树、草等；非生物要素有土壤、水、空气等。在某一场所所有生物要素和非生物要素相互作用的现象便是生态界。

科学家的眼睛

生态界

根据生物生活场所的不同，生态界可分为陆上生态界、水中生态界等几种。陆上生态界的例子有沙漠、草原、热带雨林、温带林、热带稀树草原等。水中生态界有淡水、海洋、湿地等。在这些生态界中，湿地是众多生物的栖息地，能够净化污染物质，调节洪水和干旱。水中生态界的池塘生态界中有生物要素如水草、莲藕、香蒲、水萍、黑藻、鱼、各种微生物等，还有非生物要素如水、空气、石头、石子、阳光等。

根据生物获取养分的方法不同，可以将生物要素分为生产者、消费者和分解者。

生产者，消费者，分解者

如果生产者为草绿色，消费者为红色，分解者为黑色，环境是绿色，就是图片的这个样子。

生产者	消费者	分解者
（通过光合作用）独立制造养分生活的生物 草，树	将其他动物或植物作为食物生活的生物 松鼠，兔子，青蛙，蛇，蝴蝶，狐狸，金钱豹，蚯蚓，鱼（鳕鱼），小生物（水蚤），灰色鸭	分解死去的生物，能够被其他生物所利用 蘑菇，霉菌，微生物

消费者分类

消费者

被称为初级消费者

根据阶段分为次级消费者，三级消费者

	以植物为食的生物				以动物为食的生物		
生物	兔子	松鼠	蝴蝶	生物	青蛙	蛇	老鹰
食物	草	橡子等果实	花蜜，树液	食物	昆虫	青蛙，鸟等	鼠，蛇，其他鸟类

通过观察得出的结论 生物要素根据获取养分的方式不同，可以分为生产者、消费者和分解者。**生产者**可以自己制造养分，**消费者**通过捕食其他植物或动物获取养分，**分解者**通过分解死去的生物获得养分。

生态界中的生物之间具有相互作用。我们一起来用各种生物卡片玩食物链游戏吧。根据生物吃与被吃的关系，选择卡片，然后用金属环将卡片们连在一起。将大家完成的食物链收集在一起，根据生物吃与被吃的关系，再一次进行连接。

准备材料 各种植物、动物、小生物卡片，金属环

生命·生态界

食物链
生物之间吃与被吃的关系，就像锁链一样

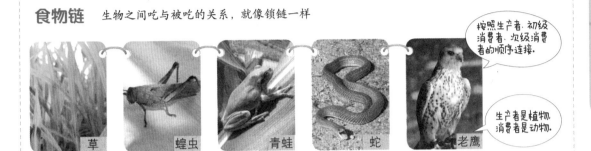

草　　蝗虫　　青蛙　　蛇　　老鹰

按照生产者、初级消费者、次级消费者的顺序连接。

生产者是植物，消费者是动物。

食物网
各种食物链相互交错的样子就像是一张网（箭头方向含义：被吃的生物→吃的生物）

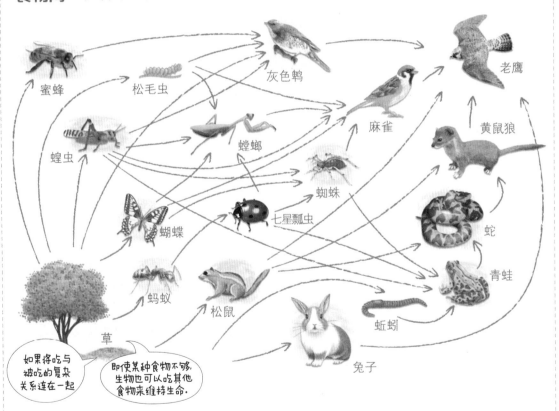

蜜蜂　松毛虫　灰色鹡　老鹰　麻雀　黄鼠狼　蝗虫　螳螂　蜘蛛　蝴蝶　七星瓢虫　蛇　青蛙　蚂蚁　松鼠　蚯蚓　兔子　草

如果将吃与被吃的复杂关系连在一起

即使某种食物不够，生物也可以吃其他食物来维持生命。

通过观察得出的结论 按照生物吃与被吃的关系，可以用金属环将生物卡片连成一条线，这就是**食物链**。各种食物链相互交错形成的网便是**食物网**。生物在生态界中形成了生物链和生物网，彼此之间相互作用相互影响。

通过食物链，可以对生态界中生物的种类和数量进行调节。像这种在某个地区，生物的种类和数量保持一定的状态叫作**生态界的平衡**。通过下面的食物金字塔，我们来了解生态界的平衡吧。

准备材料 正六面体的箱子30个，笔

制造食物金字塔

  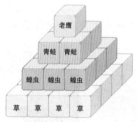 

① 观察图片中有多少草、蝗虫、青蛙和老鹰。

② 在30个箱子上分别贴上生物的名字。这时最好在箱子上涂上颜色，以便区分不同的生物。

③ 按照生产者、初级消费者、次级消费者、三级消费者的顺序，将箱子堆起来。

▲ 根据食物链的阶段标注生物的数量。食物链越往上，数量越少，于是形成了一个金字塔，这就是食物金字塔。

维持生态界平衡的原理

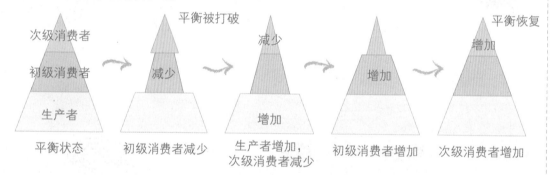

食物金字塔中某种生物数量急剧增加或减少的话，会打破生态界的平衡。

食物链中，以其他生物为食的生物数量减少的话（初级消费者），被捕猎的生物（生产者）数量就会增加。

生产者的数量增加，消费者的数量也会逐渐增加，最后生态界达到平衡状态。

在有着复杂食物网的生态界，不管是哪种生物数量减少，都会有其他相似的生物来代替，所以从整体看，生态界处于一个平衡的状态。

(通过调查得出的结论) 根据食物链的阶段标注出生物的数量。食物链越往上，数量越少，于是形成了一个金字塔。这种食物金字塔可以通过调节吃与被吃的关系，使生态界维持在平衡的状态。

作为生产者的植物可以通过阳光制造养分，其他的生物通过植物获得养分维持生活，所以阳光是所有生物必不可缺的重要因素。而且水也是生物生存所必需的。我们一起来了解这种非生物要素对生物的影响吧。

准备材料 豆芽，塑料瓶4个，棉花，黑箱子，水

生命·生态界

① 分别将四个塑料瓶从中间部分截断。

② 将下半个瓶子放平，里边塞上棉花，放入豆芽。

③ 将两个瓶子放在向阳处，其中一个每天浇水三次以上。另外两个瓶子放在黑箱子中，其中一个也是每天浇水三次以上。

放在向阳处，每天浇水三次以上的瓶子（阳光○，水○）

▲ 两天后豆芽变成浅绿色，过一段时间后豆芽颜色更深。茎变粗，而且朝向阳光的方向生长。

放在向阳处不浇水的瓶子（阳光○，水×）

▲ 过一段时间后，豆芽变成浅绿色。豆芽的茎和叶子变枯萎。

放在黑箱子中，每天浇水三次以上的瓶子（阳光×，水○）

▲ 过一段时间后，豆芽变成黄色，豆芽的茎变细。

放在黑箱子中，不浇水的瓶子（阳光×，水×）

▲ 过一段时间后，豆芽变成黄色，茎和叶子枯萎。

(通过实验得出的结论) 盛有豆芽的塑料瓶放在向阳处，每天浇水三次以上，8天后豆芽变成深绿色，长势很好。因此，只有阳光、水等非生物要素的存在，生物才能健康成长。此外，空气、土壤也是重要的非生物要素。

生物生活的环境因地域和时间段的不同而多彩多样。生活在向阳处的植物和阴凉处的植物会一样吗？主要在白天活动的鸟和在晚上活动的鸟长相会相似吗？下面让我们一起来了解生物是如何适应不同环境的吧。

生物适应环境的方法

在阳光稀少的地方，只有叶子薄了才能有效地吸收到阳光呀。

生活在向阳处的植物▶
生活在向阳处的植物叶子边缘细长，叶子颜色较深，厚度上较为粗厚。

◀生活在阴凉处的植物
生活在阴凉处的植物叶子边缘为圆形，叶子颜色较浅，厚度上较薄。

我主要在夜间活动。为了能在黑暗中看清东西，我有着对光敏感的视觉。

猫头鹰▶
眼睛比鸽子大，视觉十分发达。

◀鸽子
眼睛较小。

科学家的**眼睛**

生物适应环境的例子

▲ **玉兰花的冬芽**
许多层表皮将其层层包裹，以抵御寒冬。

▲ **蟾蜍的冬眠**
在气温低下，难以觅食的冬季，蟾蜍为了过冬而进入冬眠。

▲ **松鼠的换毛**
换毛后，松鼠的毛变长，可以抵御寒冬。

瘦小的身材适合生活在炎热的地方。耳朵很大，散热面积较大。

沙漠狐 ▶
身形瘦小，
耳朵很大。

厚厚的脂肪可以抵御严寒。耳朵很小，散热面积很小。

◀ 北极狐
身形较大，
耳朵特别小。

生命·生态界

在缺水的沙漠地区，可以将水储存在粗壮的茎中。叶子为刺形，可以减少水分的流失，并且保护自己不受动物的侵害。

沙漠的仙人掌 ▶
茎粗壮，有刺。

◀ 热带雨林的植物
有着宽大的叶子。

通过观察得出的结论 生活在阳光稀少地方的植物叶子宽大，而且较薄。主要在夜间活动的动物视觉发达。生活在热带的动植物，其构造有利于散热。生活在干燥地区的动植物具有可以储藏水分的结构。因此，生物在不断地适应环境中生活。

▲ 绿色的蝗虫
身体的颜色与周围环境相似，不易引起天敌的注意。

▲ 颜色鲜亮的箭毒蛙
警告敌人自己有毒，以保护自己。

▲ 翅膀上的花纹如同动物眼睛的眼蝶
与其他生物相似的模样、颜色和形状，可以保护自己。

▲ 树枝形状的尺蠖

生态界和环境2

人类对生态界有着怎样的影响，为了维持干净的环境，我们应该做哪些努力呢？

42 调查 人类的开发破坏了自然环境

人类在修建道路，建设房屋的时候，会用到土地和其他自然资源。像这种工业化、都市化的进行，使得自然环境受到极大的损害。下面让我们一起来了解人类的生活对生态界造成的影响吧。

准备材料 学校附近的地图，彩色笔，大纸

自然环境遭到破坏的事例

① 调查我们周围（学校、街道等）自然环境遭到破坏的事例。

② 通过思维导图的方式将调查到的事例整理在纸上，并且在班里发表。

自然环境遭到破坏的事例

为了修建道路而开山的照片

为了建造房屋而开山的照片

在山上砍伐树木的照片

喷洒农药的照片

鱼因为化学物质的污染而大量死亡的照片

生物生活的空间消失后，生态界就会遭到破坏，而且农药和化学物质的使用也会使环境受到污染。

通过调查得出的结论 工业化、都市化等人类活动使得生物生活的空间消失，水、土壤、空气等自然环境遭到破坏和污染，对生态界造成不利影响，最终打破了生态界的平衡。

43 实验 酸雨让种子无法发芽

如果大气因为汽车和工厂排放的废气受到污染，天空就会下酸雨。将白菜种子放在酸性溶液中，让其发芽，以此来了解酸雨和环境污染对生物有哪些影响。

准备材料 硫酸溶液(pH4)，滤纸，皮氏培养皿，白菜种子，pH试纸，烧杯

① 将滤纸分别放入两个皮氏培养皿中。

② 在一个培养皿中滴入稀释后的硫酸溶液，另一个中滴入水，使滤纸充分打湿。

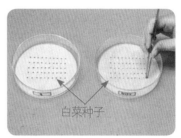

③ 在两个培养皿中分别放入50颗白菜种子。

④ 盖上盖子，放在温暖的地方。

⑤ 记录一周时间内，两个培养皿中白菜种子的发芽情况。

注意 由同一人每天在固定的时间内观察一次。一定要记录好观察的日期和时间，也可以通过拍照或画图的方式进行记录。

<在水和溶液中种子的发芽>

分类	种子发芽的个数（个）							
	第1天 13：00	第2天 13：00	第3天 13：00	第4天 13：00	第5天 13：00	第6天 13：00	第7天 13：00	合计 13：00
有水的培养皿	10	20	30	35	40	45	50	50
有硫酸溶液的培养皿	0	0	1	1	1	1	1	1

有水的培养皿(7天后)

有硫酸溶液的培养皿(7天后)

◀◀ 硫酸溶液（酸性溶液）能损害白菜种子，使种子无法发芽。

通过实验得出的结论 我们可以知道，酸性溶液会使白菜种子无法发芽。因此，酸雨会使土壤呈现酸性，影响植物的生长，并间接影响其他生物的健康。

下面让我们通过制作净化被污染的水的装置——简易净水器，来了解水净化的原理吧！

准备材料 泥水，肥皂水，油水，烧杯，塑料瓶，剪刀，刀子，纱布，棉花，洗干净的石子和沙子，细炭，活性炭，橡皮筋

① 用剪刀将塑料瓶的底部剪切掉。

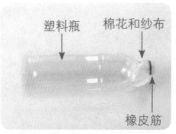

塑料瓶　棉花和纱布

橡皮筋

② 塑料瓶口用棉花和纱布包裹，再用橡皮筋绑住。

③ 塑料瓶内侧瓶口处放入一团棉花，然后上面覆盖一层纱布。

④ 然后依次在塑料瓶中放入活性炭、纱布、棉花团、纱布、细炭、纱布、干净的沙子、纱布、干净的石子。

泥水　　肥皂水　　油水

⑤ 观察泥水、肥皂水和油水。

⑥ 将这三杯水用简易净水器过滤，并观察其变化。

＜用简易净水器净化前后的泥水、肥皂水和油水变化＞

过滤前		溶液的种类		过滤后
	有土壤的味道，为深褐色，能看到明显的泥沙。	泥水		过滤后变得清澈，味道也减小了。
	有肥皂的味道，有泡沫。不透明，质地较滑。	肥皂水		泡沫几乎变没了，肥皂味也小多了。
	表面飘浮着一层油，发散出油的味道。颜色为黄色，质地较滑。	油水		水面的油几乎没有了，味道也变小了。

简易净水器的原理

粗糙的石子
纱布
沙子
纱布
细炭
棉花团
纱布
活性炭
纱布
棉花团

纱布

石子，沙子：可以阻挡污染物质。

细炭，活性炭：吸附污染物质。

纱布，棉花团：过滤污染物质。

原理与简易净水器相似的事例

净水器

污水处理厂

水处理厂

自然河流

> **通过实验得出的结论** 使用简易净水器可以净化受污染的水。大自然虽然也有一定的净化能力，但只靠大自然的净化是远远不够的，为了保护我们的环境，还需要人类自身的努力。

科学家的眼睛

自来水的净化过程

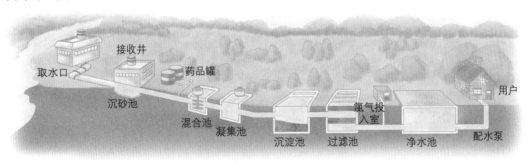

取水口　接收井　药品罐　用户
沉砂池　混合池　凝集池　沉淀池　过滤池　氯气投入室　净水池　配水泵

为保护环境所做的努力

指定生态公园

指定国家公园

限制捕猎和钓鱼

生活用品的循环利用

让我们一起来制作呼吁大家爱护和保护环境的宣传画吧。

准备材料 大张纸, 彩色蜡笔, 彩色铅笔, 签字笔等各种文具

濒临灭绝的动物
—我们应该保护的国宝—

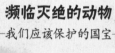
捕鱼能手——水獭

呱呱呱叫的北方狭口蛙

用细长的嘴巴捕食螃蟹的大杓鹬

像成人一样有胡须的大云鳃金龟

它们需要我们的保护!

您现在还在剩菜吗?
请减少食物垃圾。

想要使被泡面汤污染的水适合鱼儿生活, 你知道需要多少水来净化吗?

扔一碗泡面汤(150ml)需要5000杯水来净化。
扔一碗泡菜汤, 需要10000杯水来净化。
扔一杯牛奶, 需要50000杯水来净化。
如果不剩汤饭, 就可以节约很多水。

这里面包含有重要的概念。

请吃多少盛多少, 不要剩饭, 剩菜。

据说扔一碗泡面汤, 需要5000杯水来净化。

现在离5000杯还远着呢!

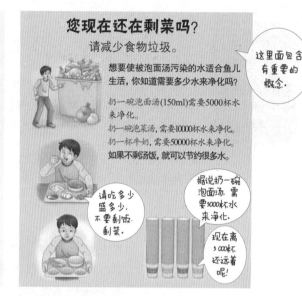

如果是我的话?
面对下面的情况, 你会怎样做呢?
了解爱护环境的好方法的心理测试!

天气好热。和弟弟出去玩, 弟弟拿着水管玩水。面对这种情况, 你会怎样做呢?

① 毫不犹豫地一起玩。
② 虽然也参与玩水, 但下决心少浪费水。
③ 很犹豫。因为知道这样做是不对的。
④ 冷静地拒绝。
⑤ 建议和弟弟一起去花园里浇水。这样可以避免水的浪费。

选一个吧?
请阅读下一页中的话, 可以帮助大家进行选择。

我的回声

和妈妈一起去超市吧?
噢耶! 好呀!

带上篮子吧.
篮子?

可以让大家下定决心保护"生态界和环境"。

这孩子怎么这个也不知道呢?

为什么这么麻烦还要带上篮子?

人类为了制造塑料袋每年要花费约亿人民币呢。而且塑料袋彻底分解需要200年呢。

这么久吗?

以后我要减少使用塑料袋的次数, 经常使用篮子啦。

我关于自然的回声

注意 每个小组可以选择歌曲、诗歌、照片、漫画等各种方式制作。当别的小组进行发表时, 一定要仔细听, 并找出宣传画的含义。

通过调查得出的结论 制作向大家宣传保护环境理念的宣传画, 唤起人们对生态界和环境的爱心。

⚙46 调查 寻找生态系统恢复的例子

生态系统恢复指的是将生态环境受到破坏的地方恢复到以前的状态。让我们来了解一下人类为了恢复生态系统做了哪些努力吧。

准备材料 生态系统恢复的事例资料

生态系统恢复的方法

调查河流

制作生态地图，确定恢复计划

◀ 为了使受污染的河流恢复到原来的状态，植物学家、动物学家、生态学家齐心协力，仔细调查和分析生活在当地的动植物的特征，制定最合适的恢复方法。

生态系统恢复的例子

为了阻挡腐烂的东西，同时使小生物顺利穿过，减少石头的数量，将石头按之字形分布。

为了使流入河流中的水得到自然的净化，在水边种植芦苇。

种植水边植物。

恢复前

首尔良才川恢复前后的照片

恢复后

通过调查得出的结论 将有着各种动、植物生活的地方恢复到原来的状态，打造和谐的自然环境，是生态系统复原的最大目的。

科学家的眼睛

生态通道

在建设大型道路的时候，有可能使当地动、植物的生活空间被隔断，所以人们在道路的上方设立"生态通道"，使得动物可以自由流动，植物的栖息地不被分开。

选择一个生态环境遭到破坏的例子，调查当地的环境状态以及解决难点，探索生态恢复的方法。

准备材料 大张纸，各种文具

	登山路	被污染的河流	石油泄漏的海滩	火山爆发后的山体
事例				
自然环境的状态和解决难点	由于过多的人在这里行走，使得树木的根露了出来。	由于人们乱扔垃圾，导致河水发臭。	石油进入海滩，使得大量动物死亡。	树木和草全被烧光，无法再生。由于食物和巢穴被烧毁，动物也无法存活。
恢复生态环境的方法	用土将外露的树根遮住。	清理垃圾，种植净化河水的植物。	清理覆盖在海面和海滩上的石油。	为鸟类建造可以栖息的鸟巢，种植树木和草，恢复原来的状态。
恢复后的预想图	小径周围树木、青草和花欣欣向荣，各种各样的小生物生活其中。	河水干净清澈，其中生活着各种动植物。	贝类、虾类、螃蟹等海滩中的动物数量增多。	树林重新恢复到原来的样子，其中生活着许多动物和植物。

通过调查得出的结论 在自然环境受到破坏的事例中选取一个，制定"生态系统恢复方案"。通过该活动，可以让我们重视周围的环境，以及生活在其中的动植物。生态系统的恢复指的就是通过大自然自我调节和人类的间接干预，使生态环境恢复到被破坏之前的状态。

伪装术的效果

使用报纸观察伪装术的效果

左边的图片看起来是什么呢？是叶子吗？如果你这么认为，那么你就被眼蝶骗到啦！仔细观察，看似对称的两片叶子，其实是眼蝶的翅膀。很多生物都像眼蝶一样，可以根据周围的环境变换身体颜色，以避免敌人袭击。这也是生物适应自然的一个例证。

【准备材料】两张报纸，彩纸四张，剪刀

1. 两个人中的一个人用报纸剪切两个和用彩纸剪切四个小鱼的形状。可以将纸摞在一起剪切。

2. 剪切时，另一个人转过身去，不能看剪切的过程。

3. 将剩下的报纸展开铺在地上，把六条小鱼放在上面。

4. 然后剪切小鱼的这个人大声问："小鱼有几只？"另一个人回过头来数报纸上小鱼的数量。必须在一秒内数完并回答到底有几只。

青花鱼在哪儿呢？

青花鱼的背上有深蓝色条纹，腹部为银白色。海鸟在海面上飞翔时，很难看到有着蓝色鱼背的青花鱼。从海底向海面望去时，水面因为阳光的照射而闪闪发光。捕食青花鱼为生的鱼类，很难发现有着银白色鱼腹的青花鱼。青花鱼通过这样的方式保护自己。

地球和宇宙

start!

　　"地球和宇宙"一般被称为地球学，包括气象、地壳、海洋和天文等。让我们一起来了解我们生活的地球和包括地球在内的整个宇宙吧。

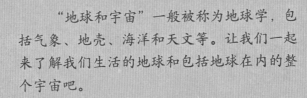

地球与月球

地球和月球是什么形状的呢？地球和月球又是怎样运动的呢？

48 实验　地球与月球的拼图游戏

我们生活的地球和每天升起的月亮是什么形状的呢？通过拼图游戏来认识地球和月球吧。

准备材料　地球拼图，月球拼图，剪刀

① 将画有地球和月球的拼图用剪刀一块块剪切下来。

② 将地球和月球的拼图掺杂在一起。

③ 在规定的时间内，将拼图拼在一起。先拼完的人获胜。

④ 比较拼完图后的地球和月球。

通过实验得出的结论　比较地球和月球的拼图，我们可以看到两者的形状相似。虽然地球和月球整体外貌相似，但是地球上分布有海洋和陆地，这是与月球的不同之处。

科学家的眼睛
月球是怎样形成的？

靠近地球，易于观测的月球是怎样形成的呢？天文学家认为，地球的卫星——月球是地球的一部分掉落后形成的。那么地球的这一部分是怎么掉落的呢？天文学家提出了这样的假设，当地球与火星般大小的星体碰撞后，地球的碎片掉落，形成了月球。因此，构成地球的物质与构成月球的物质十分相似。

我们都知道地球是圆的，那么人们是怎样知道地球是圆的呢？从远处的海中驶向港口的船是什么样的呢？通过球做一个简单的实验，来验证地球是圆形的吧。

准备材料 小纸船，篮球

① 把篮球放到桌子上，一个人拿着纸船在球的表面慢慢向前走。

② 站在篮球前面的人观察走过来的纸船是什么样子的。

▲ 先看到船帆，慢慢地看到船的中间部位和下部。

通过观察得出的结论 在篮球实验中，我们先看到船的上部，即船帆部分。随着船慢慢靠近，我们逐渐看到它的中间部位和下部。驶向港口的船也是这样。这是因为地球和篮球一样是圆的。如果地球是平的，那么不论多远，我们看到的都应该是船的全貌。

科学家的眼睛

得知地球形状的另一个证据

在现代，通过人造卫星拍摄的地球照片，我们可以清晰地看到地球是圆形的。而且，月食时照在月球上的地球的影子，也可以证明地球是圆的。月食指的是地球、太阳和月球按照太阳—地球—月球的顺序排成一条直线，因为太阳产生的地球的影子遮住月球形成的现象。这时遮住月球的地球影子是圆的。此外，沿着一个方向一直走可以绕地球一圈，以及越往高处走看的东西越多，也可以证明地球是圆的。如果地球不是圆的，那么不管是在高处还是在低处，看到的东西应该一样多。

宇宙中的地球

月球是什么样的呢？人们在画月亮的时候，经常在上面画上玉兔捣药的图画。实际中的月球是什么样的呢？让我们一起来了解地球和月球的异同点吧。

准备材料 各种关于月球的照片，双目望远镜

月球

地球

▲ 地球和月球一样都是圆球状，表面高低不平的样子也十分相似。但月球的表面为灰色，天空为黑色。

月球的表面

▲ 有黑暗的部分和明亮的部分

▲ 有石块

▲ 有陨石坑

陨石掉落在月球上时留下的坑，这在地球上很少见，在月球上却很常见。

﹤比较月球和地球的外貌﹥

月球的外貌	和地球的相同点	和地球的不同点
整体为圆形，表面有石块和陨石坑。	整体为圆形，表面高低不平。	表面为灰色，天空为黑色。

通过观察得出的结论 月球的整体形状和地球一样为圆形。月球的表面有很多因陨石坠落形成的陨石坑（crater），有大块的岩石和深邃的溪谷，以及与海洋和高山相似的地形。月球的半径是地球的1/4，即地球的半径为6400km，而月球的半径只有1600km。而且月球的表面为灰色，天空为黑色。

美国的旅行者号飞船至今仍在宇宙中航行，寻找宇宙生命。有没有行星像地球一样有生命存在呢？下面让我们来了解地球上生命存在的奥秘吧。

准备材料　各种地球照片

▲ 因为地球上有空气、水和太阳能，所以生活着各种生物。

通过调查得出的结论　地球之所以能够有生命存在，是因为地球上有空气、水和太阳能等。没有水和空气，地球也会像其他星体一样没有生命存在。例如离地球很近的月球上，至今没有发现生物存在的痕迹，也没有发现水和空气的存在。因为月球上没有水和空气，所以探索月球的宇航员们需要穿能够提供水和空气的宇航服。

科学家的眼睛

地球上的水是怎样存在的呢？

生命的生长离不开水。地球表面有2/3被水占据，人体中有2/3由水组成。如此重要的水怎么会存在于地球上呢？理由有两个。一个是地球和太阳距离适中，另一个是地球的重力。如果地球和太阳的距离再近些，地球的温度升高，水会完全蒸发。而没了重力，蒸发掉的水蒸气就会消失在宇宙中，使得地球上没有了水和空气。

一天有24小时。有太阳照射的时间为白天，没有太阳照射的时间为黑夜。让我们一起来了解白天和黑夜产生的原因吧。

准备材料 地球仪，没有灯罩的台灯，纸人

① 在地球仪上找到自己所在位置，将纸人贴在上面。

台灯相当于太阳。

② 把台灯放在地球仪旁边，并开灯（台灯和地球仪的距离大约为50cm）。

③ 慢慢转动地球仪，观察纸人明亮和黑暗的时间。

结果

转动地球仪，纸人明亮时——白天

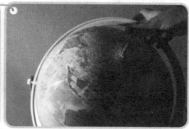

转动地球仪，纸人黑暗时——黑夜

◀ 随着转动地球仪，明亮和黑暗交替出现，这便是白天和黑夜产生的原因。

通过实验得出的结论 打开台灯时，地球仪上明亮的部分为白天，黑暗的部分为黑夜。如果不转动地球仪，白天和黑夜的部分不会出现变化。但一旦转动地球仪，白天和黑夜就会出现变化。转动地球仪相当于地球的自转，地球以地轴为中心，自西向东旋转（逆时针），每天自转一圈。地球的自转是白天和黑夜产生的原因。

科学家的**眼睛**

太阳系行星的自转方向

地球自转的方向与时针的方向相反，那么太阳系的其他行星呢？太阳系中的其他行星也有自转，其中金星、天王星自转的方式与地球不同。金星自转的方向与时针相同，天王星像回旋球一样上下旋转。

水星	金星	地球	火星	木星	土星	天王星	海王星
0.1°	172°	23°	25°	3°	27°	98°	30°

在我们眼中，太阳每天从东方升起，西方落下。事实上太阳真的是从东往西运动吗？观察太阳的运动，了解太阳之所以这样运动的原因。

准备材料 地球仪，没有灯罩的台灯，纸人

慢慢转动地球仪

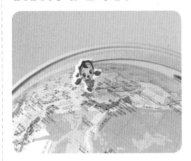

① 在地球仪上找到自己所在位置，将纸人贴在上面。

台灯相当于太阳。

② 把台灯放在地球仪旁边，并开灯。（台灯和地球仪的距离大约为50cm。）

③ 慢慢转动地球仪，在纸人的方向观察电灯。

结果

 →  →

▲ 台灯与上个实验一样，转动地球仪时，地球仪上的纸人没有变化，但可以感觉到太阳在往反方向旋转。也就是说，因为地球自西向东旋转，所以才使太阳看起来从东方升起，西方落下。

停止转动地球仪时

◀ 地球仪停止转动，对于纸人来说，太阳没有任何变化。

通过实验得出的结论 转动地球仪时，地球上的纸人感觉不到自己的移动，反而看太阳是在东方升起，西方落下。这个现象跟乘公交时看到窗外的树木飞快往后移动一样，是相对位置的变化。因为地球每天自西向东旋转一次，所以使得太阳看起来每天从东方升起，西方降落。

傍晚时分的月亮在天空中的哪个位置呢？下面让我们一起来了解月亮移动的路线和原因吧。

准备材料 一天之中月亮移动的照片

我们能看见月亮的原因

◀ 月球不能发光，我们看到的是它反射太阳光的部分。月亮形状变化的周期为一个月。

观察月亮的移动

▲ **每月阴历8日月亮移动的方向**：月亮晚上6点挂在半空，向西移动。

参考

观察月亮移动情况的方法

①太阳落山后，面向南方观察。

②站好后，选择附近的建筑物作为方位标记。

③每隔一小时站在相同的位置确认方位标记，观察月亮的变化。

▲ **每月阴历15日月亮移动的方向（望）**：月亮晚上7点出现在东边，早晨出现在西边。

通过观察得出的结论 观察每月阴历8日和15日月亮的移动，可以知道月亮自东往西移动。还可以知道月亮沿着一定的角度移动。月亮自东往西移动的现象与太阳自东往西移动的原理一样，都是因为地球自转造成的。

如果连续几天在同一时间观察月亮，可以看到月亮形状的变化。下面让我们一起来了解不同位置中的月亮形状是怎样的吧。

准备材料　三球仪，人偶玩具，在同一地点拍摄的不同时间的月亮照片

观察连续几天晚上6点月亮的形状

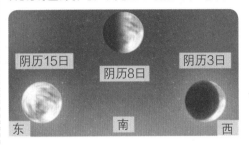

◀ 阴历3日的月亮为月牙形，挂在西边的天空中。阴历8日为半月形，出现在南方的天空。阴历15日的月亮为圆月，出现在东方的天空。

使用三球仪进行月亮的位置实验

① 将人偶玩具贴在三球仪的地球仪上。转动三球仪，观察依次出现的阴历3日、阴历8日和阴历15日月亮的形状和位置。

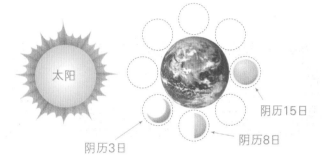

▲ 月亮形状之所以发生变化，是因为地球以太阳为中心公转，而月亮围绕地球公转。

通过实际观测，了解月亮的形状和运动

选择固定的地点和时间（晚上6点），每天观察月亮的位置和形状，并做好标记。

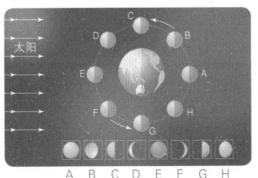

◀ 月亮发光的部分是反射太阳光形成的。所以月亮的位置不同，反射到太阳光的部位也会出现不同。而且我们观察到月亮位置发生变化的一个原因便是月亮每个月以地球为中心进行公转。

通过观察得出的结论 月球不能发光，只能反射太阳光。月亮形状之所以发生变化，是因为反射太阳光的部分不同。而且月亮升起的位置经常变化，这是月亮每个月以地球为中心进行公转造成的。

行星

什么是行星呢？太阳系里有哪些行星呢？

56 调查 多彩多姿的行星和星座

恒星指的是会发光的天体。宇宙中有着无数颗恒星。其中一个便是太阳。自己不能发光，围绕恒星旋转的天体被称为行星。与地球一样围绕太阳旋转的行星有哪些呢，天空中有哪些星座呢？让我们一起来探索星星的秘密吧。

准备材料 行星和星座卡片

行星

水星

金星

地球

火星

木星

土星

天王星

海王星

星座

飞马座

牧夫座

猎户座

天鹰座

通过调查得出的结论 太阳系的行星颜色各不相同，大小也不相同。星座的形状也多种多样。

太阳系是以太阳为中心，和所有围绕太阳公转的行星的集合体。下面让我们一起来了解构成太阳系的行星，以及太阳对地球的影响吧。

准备材料 各种行星照片

太阳系的构成

水星 比月亮大，是太阳系行星中最小的一个。表面温度非常高，没有大气层。

火星 为红色，有两个卫星。

土星 带有圈状物，人们推测圈状物由冰块或冰块包围的岩石组成。

海王星 距离太阳最远，看上去为蓝色，有很多卫星。

金星 在地球的内侧围绕太阳运转，有着厚厚的二氧化碳大气层。

地球 唯一一个有水和生命存在的行星，有一个卫星。

木星 是太阳系中最大的行星，表面有条纹。有很多卫星。

天王星 几乎是躺着自转，有很多卫星。

▲ 以一定周期围绕太阳运转的行星有八颗。火星和木星之间有许多小行星。还有围绕太阳公转，运转路径十分夸张的彗星。

太阳对地球的影响

目前为止，地球是太阳系中已知的唯一有生命存在的行星。地球也被称为蓝星。地球上之所以有生命存在，是因为它与太阳的距离适中，能够接受适当的太阳能（阳光）。而且由于地球的重力，地球周围围绕着空气，可以隔离过热的太阳能（阳光），使气候适合植物生长。植物利用太阳能（阳光）进行光合作用，以制造养分，而这个养分会被动物食用。所以地球上生活着丰富多样的生物。

太阳能的利用

通过调查得出的结论 太阳系的行星依次为水星、金星、地球、火星、木星、土星、天王星、海王星八个。太阳系中不仅有行星，还有卫星、小行星和彗星。因为太阳光的照射，地球上的生物得以进行光合作用，制造养分，而植物制造的养分可以被人和动物吸收。因此，没有阳光，地球就不可能存在生命。

太阳系的行星中最大和最小的是哪一个呢？下面让我们一起来比较行星们的大小吧。

准备材料 尺子，一张纸，圆规

太阳系行星的大小

比地球小的行星

比地球大的行星

种类	半径（km）	种类	半径（km）	种类	半径（km）
太阳	695000	地球	6378	土星	60268
水星	2 439	火星	3397	天王星	25559
金星	6 052	木星	71492	海王星	24764

▲ 与地球大小相似的行星：金星
　比地球大的行星：木星，土星，天王星，海王星
　比地球小的行星：金星，火星，水星

给行星按照大小排序

木星　　土星　　天王星　海王星　地球　　金星　火星　水星

＜地球的半径为1时，其他行星的半径＞

名称	半径	名称	半径	名称	半径
太阳	109	地球	1	土星	9.4
水星	0.4	火星	0.5	天王星	4.0
金星	0.9	木星	11.2	海王星	3.9

比较太阳和太阳系行星的大小

假设地球的半径为1cm，在纸上画出其他行星，比较它们的大小吧。

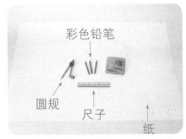

① 准备纸、圆规、尺子和彩色铅笔。

② 在白纸的一个角落中用圆规画出太阳的一部分，画出地球的形状，以方便与其他行星比较。

③ 按照顺序画出其他行星。

▲ 通过画出的图片，我们一眼就能比较出行星们的大小。最小的行星是水星，最大的行星是木星。

▲ 水星和火星与豆子，金星与珠子，天王星和海王星与棒球，木星与排球，土星与手球大小相似。

通过实验得出的结论 当地球的半径为1时，计算出其他行星的大小，就可以明显看出行星之间的大小差。比较大小的结果，太阳系行星中最大的是木星，然后依次为土星、天王星、海王星、地球、金星、火星和水星。太阳的大小约为地球的109倍。

科学家的眼睛
被踢出太阳系的冥王星

曾经是太阳系第九颗行星的冥王星，在2006年国际天文学联合会大会上被剥夺了行星的地位，从此被视为矮行星。根据排序，它又被称为134340号小行星。冥王星在矮行星中大小仅次于Eris。冥王星被排除在行星行列的原因在于，它的大小不像是行星，冥王星的半径比月亮（1738km）还小，只有1151km。而且它的运转轨道很偏，与其他行星差异明显。最后冥王星的卫星，实际上与冥王星在相互影响中运转。因此冥王星很难被视作行星。

冥王星

从地球到太阳有多远呢？让我们一起来了解行星和太阳之间的距离吧。

准备材料 尺子，电子计算器，行星照片

<太阳到行星的实际距离>

行星	太阳到行星的距离
水星	5 800km
金星	1亿800万km
地球	1亿5 000万km
火星	2亿2 800万km
木星	7亿7 800万km
土星	14亿2 600万km
天王星	28亿7 100万km
海王星	45亿1 300万km

<太阳到地球的距离为1时>

行星	太阳到行星的距离
水星	0.4
金星	0.7
地球	1.0
火星	1.5
木星	5.2
土星	9.5
天王星	19.2
海王星	30.1

▲ 离地球最近的行星是金星，离太阳越远，行星之间的距离越大。

太阳到行星的距离比较结果

太水金地火　　木　　土　　　　　　天　　　　海
阳星星球星　　星　　星　　　　　　王　　　　王
　　　　　　　　　　　　　　　　　　星　　　　星

0　　　5　　　10　　　15　　　20　　　25　　　30

通过调查得出的结论 当太阳与地球的距离为1时，可以计算出太阳与其他行星的相对距离，从而可以一目了然地比较太阳和行星的距离大小。离地球最近的行星是金星。距离太阳越远，行星之间的距离越大，由此可以看出太阳系是一个特别广阔的集合体。

科学家的眼睛

从地球到太阳有多远？

从地球到太阳按照光速300000km/s，大约需要8分20秒的时间，步行的话需要4270年。地球与月球的距离为380000km，地球的周长为40000km，地球到太阳的距离相当于月球围绕地球转九圈半的距离。如果使用秒速为11.2km的火箭，到达月球大概需要9小时30分钟。

通过各种方式到达太阳所需要的时间

种类	所需时间
光（300 000km/s）	8分20秒
声音（340m/s）	14年8个月
火箭（11.2km/s）	5个月
新村号（41.7m/s）	114年3个月
步行（1.1m/s）	4270年

8分20秒
17年1个月
114年3个月
171年3个月
4270年

60 实验 太阳系中行星是如何运动的

地球每年围绕太阳公转一次。那么其他行星呢?

准备材料 黄纸板4张,圆规,大头针,图钉,剪刀,大小不同的塑料球5个,塑木,透明胶带,五种颜色的签字笔

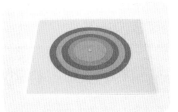

① 用黄板纸制作五个大小不同的圆盘,将其叠在一起,用图钉固定住。

② 将五个用签字笔涂上不同颜色的塑料球固定在大头针上,然后插在圆盘上,用透明胶带固定。

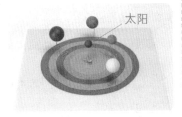

③ 回顾太阳系行星的顺序,按照顺序固定。

④ 思考太阳系中的行星是如何转动的,然后转动圆盘。

▲ 以太阳为中心,按照轨道转动行星。

行星的自转和公转

◀ 行星围绕自己转动叫作自转,围绕太阳转动叫作公转。行星在自转的同时,围绕太阳逆时针公转。

通过实验得出的结论 在实验中转动圆盘,可以看到行星围绕太阳转动。在北半球观察时,行星以太阳为中心逆时针方向公转。行星与太阳的距离各不相同,行星自身的大小也不相同,所以围绕太阳旋转一圈所需的时间也各不相同。围绕太阳一圈所需时间被称为**公转周期**。地球的公转周期为一年。

地球和宇宙·太阳系和星星

星星

夜空中闪烁的星星往哪个方向移动呢？季节不同，星座有什么变化吗？

61 观察 寻找美丽的北极星

在夜晚的天空，我们能看到无数颗星星。人们把三五成群的星星和动物、神话人物或事物联系起来，称之为星座。一起观察北部的天空，看看天空中有哪些星座吧。

准备材料 观察记录册，北斗七星照片，仙后座照片

寻找星座

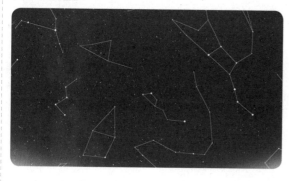

北部天空

① 参照北斗七星和仙后座的照片，在左侧的图片中寻找到这两个星座。

② 利用下面提到的方法寻找北极星。

寻找北极星

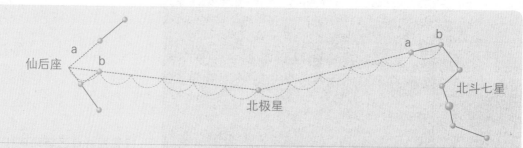

仙后座　a　b　北极星　a　b　北斗七星

利用仙后座的方法
连接第一个星星和第二个星星，并延长。连接第四个星星和第五个星星并延长。两条线的相交处为a。将a和第三个星星b连接，然后延长至ab线段的五倍，就可以找到北极星。

利用北斗七星的方法
将北斗七星中的a星和b星连接起来，延长至ab线段的五倍，就可以找到北极星。

通过观察得出的结论 在北部天空，我们可以看到仙后座和北斗七星。利用这两个星座可以寻找到北极星。北斗七星为勺形，位于大熊座的尾巴处。而北极星位于小熊座的尾巴处。仙后座是一个罗马字母W。

夜晚天空中的星星整晚都不会动吗？找到南部夜空中的猎户座，观察一夜之中它的变化。

准备材料　观察记录册

南部夜空星座的位置变化

① 为了观察星座的位置变化，首先寻找到人形的猎户座。

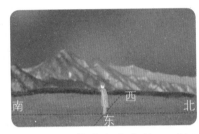

② 确定观察地点和方位。以河流或树木为坐标，确定观察地点。

③ 确定观测时间，在记录册上记录观测时间和位置。最好将观测情况都记录在一页纸上。

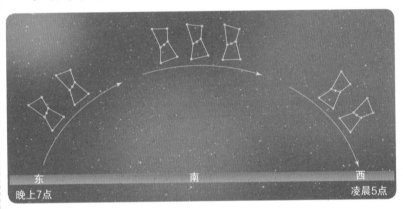

◀ 一夜之中猎户座从东部经过南部移动到了西部天空。

北部夜空星座的位置变化

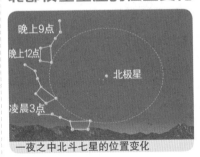

一夜之中北斗七星的位置变化

以北极星为中心逆时针移动

通过观察得出的结论 一整夜星座都在不停地移动。南部天空的星座与太阳移动的方向相同，都是从东向西移动，而北部天空的星座逆时针方向移动。星座位置变化是地球不停自转造成的。

北部天空星座的变化

地球和宇宙·太阳系和星星

春天看到的星座秋天也能看到吗？让我们一起来了解星座根据季节的变化吧。

准备材料 台灯，典型的带有季节特色的星座照片，转椅

了解星座随季节变化的原因

① 打开台灯，背对台灯坐下。

② 坐在椅子上的人拿起星座照片，思考人、台灯起到了哪些作用。

参考

· 台灯可以看作太阳，而人则是地球。

· 看着太阳的时候，可以当成是白天。背对太阳的时候则是晚上。

· 人坐着旋转椅子，相当于地球的自转。人移动椅子，则是地球的公转。

典型的带有季节特色的星座照片

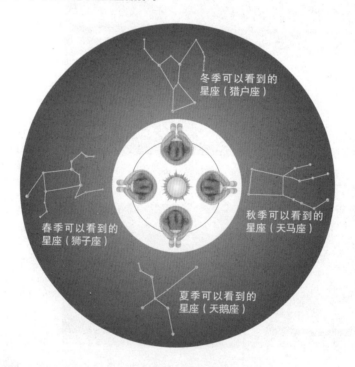

冬季可以看到的星座（猎户座）

春季可以看到的星座（狮子座）

秋季可以看到的星座（天马座）

夏季可以看到的星座（天鹅座）

通过观察得出的结论 由于地球围绕太阳公转，所以星座会根据季节的变化而变化。春季可以看到的星座是狮子座，夏季可以看到的星座是天鹅座，秋季可以看到的星座是天马座，冬季可以看到的星座是猎户座。所有的星座与太阳一样，每天东升西落，每天都出现一次，只不过白天太亮，有些星座看不到。

不同季节中具有代表性的星座

晚上能观测到的星座指的是当太阳落山后，出现在东部天空中的星座。午夜这些星座可以在南部天空看到。

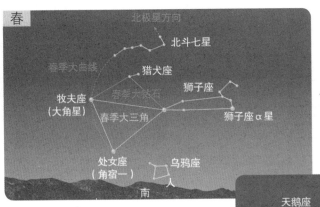

▶ 春季的星座以北斗七星为坐标，有牧夫座、处女座、狮子座等。将各个星座中的星星连在一起便是春季大三角。

夏季的星座以牛郎星为坐标，有天鹅座、天琴座、天鹰座、天蝎座等。连接织女星、牛郎星和天津四，便是夏季大三角。 ▶

▲ 秋季星座以仙后座为坐标，有飞马座和位于飞马座周围的双鱼座、小马座、水瓶座。在飞马座形成的巨大的三角形被称为飞马座三角形。

冬季星座以猎户座为坐标，有小犬座、金牛座、双子座、御夫座等。将猎户座、小犬座和大犬座中最亮的星星连在一起便是冬季大三角。 ▶

地球和宇宙·太阳系和星星

星星 93

为了探索宇宙，需要做些什么呢？让我们一起制定宇宙探索计划，了解探索宇宙需要的东西吧。

准备材料 宇宙探索计划书，宇宙探索相关资料

制定探索计划

① 选择宇宙中的探索目标。

② 收集宇宙探索的相关资料。

③ 调查宇航员们穿什么样的衣服。

写探索计划书

宇宙探索计划书

1. 要探索的行星：火星

2. 选择的行星的特征：太阳系的第四大行星，与地球十分相似，被称为第二地球。一天的时长与地球相似。距离地球5600万千米。有山、沙漠和水痕迹的峡谷。

3. 探索目的
 · 寻找外星生命
 · 试验我们国家的宇宙飞船性能

4. 探索前需要开发的特别装备
 · 解读外星人语言的装备
 · 可以寻找到水源的装备
 · 可以将尿液转换成水的简易装备
 · 能够快速飞翔的小型宇宙飞船

5. 需要提前联系和准备的事情：在宇宙中走路（适应失重状态的训练）

6. 要用到的宇宙飞船的外观和构造：鸡蛋形的一人宇宙船

通过调查得出的结论 制定宇宙探索计划时，先选择一个行星，然后收集与之相关的各种资料，并且要明确探索目的。

中国的航天事业

美国有NASA，而中国有CASC（中国航天）。中国的航天事业起始于1956年。到目前为止，已经在卫星回收、一箭多星、低温燃料火箭技术、捆绑火箭技术以及静止轨道卫星发射与测控等许多重要技术领域已跻身世界先进行列；在遥感卫星研制及其应用、通信卫星研制及其应用、载人飞船试验以及空间微重力实验等方面均取得重大成果。

中国的载人航天历史可以追溯到20世纪70年代初。在中国第一颗人造地球卫星东方红一号上天之后，当时的国防部五院院长钱学森就提出，中国要搞载人航天。到2013年，中国的神舟十号飞船飞行乘组3名航天员聂海胜、张晓光、王亚平，已经能够在强大的中国载人航天事业支持下进行为期15天的太空之旅。

东方红1号

中国卫星发射中心一共有4个；分别是酒泉卫星发射中心、西昌卫星发射中心、太原卫星发射中心，以及建设中的文昌卫星发射中心。其中，酒泉卫星发射中心是中国创建最早、规模最大的综合型导弹、卫星发射中心，也是中国唯一的载人航天发射场。

天宫一号，中国第一个目标飞行器和空间实验室，就于2011在酒泉卫星发射中心发射，飞行器全长10.4米，最大直径3.35米，由实验舱和资源舱构成。2011年11月3日凌晨实

酒泉卫星发射中心——东风航天城

现与神舟八号飞船的对接任务。2012年6月18日下午（14时14分）与神舟九号对接成功。神舟十号飞船也在2013年6月13日13时18分与天宫一号完成自动交会对接。以往只有在科幻电影中才能见到的镜头，将一步步在我们的现实生活中实现。人类转移到其他星球上居住和生活变成了可能。到了那个时候，人类又将面临着更多新的考验和抉择。

空间对接

神州十号2

季节的变化

什么会随着季节的变化而变化呢？还有季节为什么会发生变化呢？

65 观察 春夏秋冬的自然变化

我国的大部分地方春夏秋冬四季明显。让我们仔细观察周围的自然环境随着季节的不同，有什么样的变化吧。

准备材料 不同季节的照片

不同季节的自然现象

▲ 春（3—5月）
春花满园。

▲ 夏（6—8月）
绿意盎然。

▲ 秋（9—11月）
枫叶满山。

▲ 冬（12—2月）
白雪皑皑。

▲ 很多植物在春天发芽开花，到了夏天叶子变绿。秋天果实成熟，枫叶变红，叶子凋落，迎接寒冷的冬季。

不同季节中山茱萸的不同面貌

春

夏

秋

冬

了解不同季节中的气温、影长和太阳的位置

了解同一地点中午12点半，不同季节的气温、影长和太阳位置的变化。

春

夏

秋

冬

▲ 不同季节中，同一地点和时间的太阳高度、气温和影长都不同。夏季太阳高度较高，气温也偏高，但影长较短。与之相反，冬季太阳高度和气温较低，影长较长。

<季节变化的现象>

季节	特征	季节	特征
春	太阳高度：中等 影长：中等 气温：中等 风景：植物的叶子开始发芽，植物开花。	秋	太阳高度：中等 影长：中等 气温：中等 风景：树叶变黄，开始凋落。
夏	太阳高度：高 影长：短 气温：高 风景：山林变绿。	冬	太阳高度：低 影长：长 气温：低 风景：大部分植物叶子掉光，经常下雪。

通过观察得出的结论　就算同一时间和地点，不同季节下太阳的高度、影长、气温和风景也各不相同。太阳的高度和气温在夏天最高，冬季最低。影长在夏天最短，冬季最长。

从早晨太阳升起，到傍晚太阳落山，太阳的位置在不断变化，因此影子的长度和气温也在不断地变化。太阳的高度、影子的长度和气温变化是季节变化中的重要现象。让我们通过实验来寻找它们之间的关系吧。

准备材料 木筷，胶带，图钉，纸板，线，量角器，尺子，温度计

① 将木筷剪至10cm左右，在一端系上线，用胶带固定。

② 在纸板的背面按上图钉，将木筷竖直立在上面。

③ 把纸板放在平坦处，通过画线的方式将影子的长度画下来。

④ 将线拉至影子的尽头，每隔一小时用量角器测量一次影子和线的角度。

⑤ 在同一时间测量百叶箱中的气温。

▲ 每隔一小时测量一次影子的长度并做好记录。

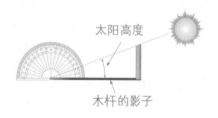

太阳高度和中天高度

太阳在正午时

太阳和地表形成的夹角被称为**太阳高度**。太阳高度高，意味着太阳在天空的位置高。一般可以通过将木杆竖直立在地面的方式测量太阳高度。本节里太阳高度便是木筷的影子和线形成的角度。

太阳高度一天之中在不断地变化。太阳在南部天空时，太阳高度最高，这时人们称其为**中天高度**。太阳在正午时影长最短。据测定，韩国的中天高度在12点30分时出现。

<各个时间段测定的太阳高度，影子长度，气温>

测量时间	太阳高度（°）	影子长度（cm）	气温（℃）
9:30	30	17.3	16.7
10:30	38	12.8	17.1
11:30	43	10.7	17.6
12:30	45	10.0	17.9
13:30	42	11.1	18.2
14:30	35	14.3	18.9
15:30	25	19.6	18.3

◀ 太阳高度从早上开始慢慢变高，在12点30分时最高，之后渐渐变低。影子长度从早上到12点30分逐渐变短，之后逐渐变长。气温从早上开始逐渐升高，到下午2点30分时最高，之后气温慢慢回落。如图所示，我们可以使用图表的方式将太阳高度、影子长度和气温表现出来。

各个时间段测定的太阳高度，影子长度，气温图表

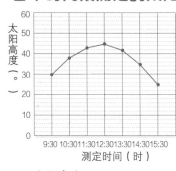

太阳高度

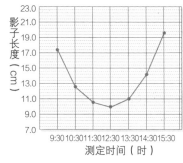

影子长度

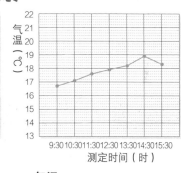

气温

▲ 太阳高度最高的时候是12点30分，影子长度最短是在12点30分，气温最高是在下午2点30分。太阳高度和气温的图表最相似，太阳高度和影长的图表正好相反。

通过实验得出的结论 太阳高度指的是太阳和地平面形成的角度，太阳在正南方向时高度最高。太阳高度图表与影子长度的图表正好相反，和气温图表大约有2个小时的时间差。

科学家的眼睛

太阳在正午时气温并不是最高的原因

虽然太阳高度变高，气温也随之升高，但太阳高度最高的时候与气温最高的时候有时间差。最高气温出现的准确时间因季节和纬度的不同而稍有差别。在韩国，中天高度出现2～3小时后最高气温才会出现。夏季午后天空一片云朵都没有的时候，最高气温经常出现在下午3～5点，但平均来说，最高气温出现在下午2点30分。这是因为阳光烤热地面需要一定的时间。太阳高度在中午12点30分最高，不过最高气温大约出现在2小时以后的2点30分。

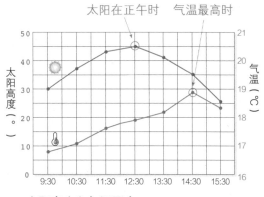

太阳高度和气温图表

夏季和冬季照射进窗户的阳光有所不同。这是因为太阳的中天高度不同。下面让我们一起来了解太阳的中天高度随季节变化有什么样的不同。

准备材料 电脑，虚拟星空软件

通过虚拟星空软件观察不同季节太阳的变化

虚拟星空软件是一种开源软件，任何人都可以使用它来观察天体。通过网络搜索下载安装虚拟星空软件，在[日期/时间一栏]将日期依次设置为春分、夏至、秋分、冬至，观察太阳的变化。

不同季节太阳升起时的样子

春（春分）　　夏（夏至）　　秋（秋分）　　冬（冬至）

▲ 春分和秋分时，太阳在东方升起。夏至时，太阳在东北方向升起。冬至时，太阳在东南方向升起。

不同季节太阳中天时的样子

春（春分）　　夏（夏至）　　秋（秋分）　　冬（冬至）

▲ 太阳的中天高度在夏至时最高，冬至时最低。

科学家的眼睛

告诉大家季节变化的节气

我们的祖先为了知道季节的变化，从冬至那天开始，每十五天作为一个节气，将一年分为二十四个节气，被称为二十四节气。"节气"是人们根据太阳的周期运动划分的，是对季节的细分。二十四节气的名称包含了季节变化的特征。由于气候对农事影响很大，所以二十四节气可以在一定程度上指导农事。但与之不同，天文学家认为春分是春天的开始，夏至是夏天的开始，秋分是秋天的开始，冬至是冬天的开始。而且节气的准确时间每年都有所变化。

不同季节中太阳的运行轨道

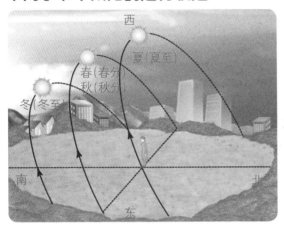

◀ 不同季节，太阳的运行轨道也不同。太阳在夏季（夏至）时从东方偏北的地方升起，太阳的中天高度最高。相反，冬季（冬至）太阳从东部偏南的方向升起，太阳的中天高度最低。春季（春分）和秋季（秋分）时太阳从正东方升起，中天高度在冬季和夏季中天高度的中间位置。

<首尔地区不同月份的中天高度>

日期	中天高度(°)	日期	中天高度(°)
1月21日	32	7月23日	73
2月19日	41	8月23日	64
3月21日（春分）	52	9月23日（秋分）	52
4月20日	64	10月23日	41
5月21日	73	11月23日	32
6月21日（夏至）	76	12月23日（冬至）	29

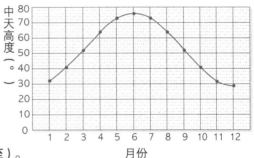

▲ 太阳的中天高度最高在6月（夏至），最低在12月（冬至）。

通过调查得出的结论 太阳的中天高度在夏季（夏至）最高，冬季（冬至）最低。春季（春分）和秋季（秋分）的中天高度在夏季和冬季的中间位置。太阳的中天高度到6月（夏至）前一直在升高，之后开始下降，一直到12月（冬至），下降到最低。而且每个季节，太阳升起的地方也有所不同。

二十四节气

立春（2月4日左右）：春季开始

雨水（2月19日左右）：雨水灌溉农田

惊蛰（3月6日左右）：动物从冬眠中醒来

春分（3月21日左右）：春意正浓时

清明（4月5日左右）：天气清明

谷雨（4月20日左右）：雨水滋润农田

立夏（5月6日左右）：夏季开始

小满（5月21日左右）：夏熟作物籽粒开始饱满

芒种（6月6日左右）：插秧的时候

夏至（6月21日左右）：夏意正浓时

小暑（7月7日左右）：天气开始炎热

大暑（7月21日左右）：最热的时期

立秋（8月8日左右）：秋季开始

处暑（8月23日左右）：炎热暑天结束

白露（9月9日左右）：出现白色的露珠

秋分（9月23日左右）：秋意正浓时

寒露（10月8日左右）：露水更冷

霜降（10月23日左右）：开始有霜

立冬（11月7日左右）：冬季开始

小雪（11月22日左右）：下小雪

大雪（12月7日左右）：下大雪

冬至（12月22日左右）：冬意正浓时

小寒（1月6日左右）：开始进入最冷时

大寒（1月21日左右）：最冷的时候

夏季气温最高，冬季气温最低。下面让我们通过实验了解气温随季节变化的原因。

准备材料 纸板，温度计，灯泡，黑色的纸，固定夹，胶带，剪刀，尺子

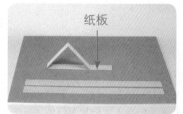

① 将纸板剪成三个宽3cm，长60cm的长条，并按照15cm、15cm、30cm的长度折叠。

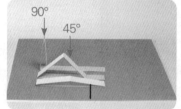

② 使用量角器将折叠处的角度设定为10°、45°、90°，使用胶带在背面将其固定住。

③ 在距底部2cm处安装一个温度计，并用胶带固定。

④ 用大小相同的黑色纸将温度计的下方遮住。

⑤ 在纸板的上半部分安装固定夹。

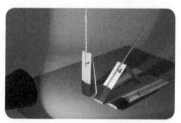

⑥ 将三个纸板放在距离灯泡30cm处，5~7分钟后观察纸板上的温度。

▲ 实验中的不同条件：纸板的倾斜度
▲ 实验中的相同条件：温度计与灯泡的距离，黑色纸的大小和厚度，温度计的初始温度，纸板的厚度等。

<因纸板的倾斜度不同而变化的温度>

纸板的倾斜度(°)	太阳的中天高度(°)	温度变化（℃）
10	10	1℃
45	45	5℃
90	90	8℃

· 灯泡：太阳
· 纸板的倾斜度：太阳的中天高度
· 温度变化：地表的气温变化（一定地表面积内的太阳能量）

▲ 纸板的倾斜度越大，温度越高。也就是说太阳的中天高度越高，到达一定地表面积内的太阳能量越多。太阳能量增多，气温就会升高。

通过实验得出的结论 太阳的中天高度（纸板的倾斜度）越高，气温（温度）越高。即，气温随季节变化的原因在于太阳的中天高度随季节而变化。夏季太阳的中天高度升高，所以到达地表的太阳能量增多，使得气温升高。而在冬季太阳的中天高度下降，到达一定地表面积内的太阳能量减少，使得气温下降。

地方越广阔，太阳能量需要分出去的就越多，所以这家的太阳能量不会有多少了。

地方越狭窄，单位面积内的太阳能量就越多，所以这家的太阳能量应该很多吧。

69 实验 利用太阳能电池实验不同季节下的气温变化

利用太阳能电池可以了解到气温随季节变化的原因。让我们一起来观察在太阳高度变化的情况下，太阳能有着怎样的变化吧。

准备材料 太阳能电池板，小灯泡，叶片，蜂鸣器，太阳高度测定器，电线夹

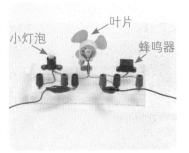
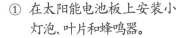

① 在太阳能电池板上安装小灯泡、叶片和蜂鸣器。

② 将太阳高度测定器安装在太阳能电池板上

③ 比较太阳高度不同时，灯泡的亮度、叶片的旋转速度和蜂鸣器的声音大小。

结果

太阳高度	灯泡的亮度	叶片的旋转速度	蜂鸣器的声音
10°	不亮	慢慢旋转	小
50°	亮	快速旋转	大
90°	非常亮	飞速旋转	很大

▲ 太阳高度越高，灯泡越亮，叶片旋转速度越快，蜂鸣器的声音越大。灯泡的亮度、叶片的旋转速度、蜂鸣器声音的大小与太阳能的多少有关。

通过实验得出的结论 太阳高度越高，安装在太阳能电池板上的灯泡越亮，叶片的旋转速度越快，蜂鸣器的声音越大。这是由于太阳高度升高，到达电池板上的太阳能增多造成的。太阳能增多，气温升高；太阳能减少，气温降低。

科学家的眼睛

太阳能的利用

太阳能作为一种新兴能源，由于其无污染、资源丰富的特点备受瞩目。太阳能发电站有太阳光发电站和太阳热发电站两种。太阳能电池可以将太阳光能转换成电能。太阳光发电就是利用这种电池将光能直接转化为电能。太阳热发电是利用凹面镜将太阳热集中到一个地方，制造蒸汽，使得蒸气机发动，以此制造电能。

太阳光发电站

季节不同，日出日落的时间和气温也会有所变化。下面我们一起通过实验来了解不同季节下白天和黑夜时长的变化，以及它们与气温的关系吧。

准备材料 地球仪，没有灯罩的台灯，双面胶，时间盘，观测盘

测量不同季节中日出和日落的时间

① 在地球自转轴（北极）上贴上时间盘。

② 在地球仪上找出韩国的位置，贴上观测盘。

③ 转动地球仪，测定白天和黑夜的时长。

结果

测定位置	看到太阳的时间	看不到太阳的时间
夏季	5点30分	20点
冬季	7点40分	17点20分

▲ 夏季白天时间长，冬季白天时间短。

夏季

冬季

测定不同季节中日出和日落的时间

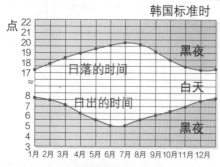

首尔地区日出日落时间

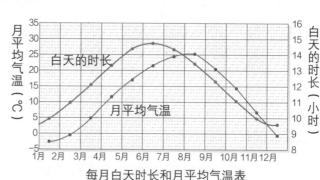

每月白天时长和月平均气温表

▲ 6月白天时间最长，12月白天时间最短。气温8月最高，1月最低。

通过实验得出的结论 夏季白天时间长，冬季白天时间短。白天时间最长的时候在6月，最短的时候在12月。气温在夏季的8月最高，冬季的1月最低。白天的时长曲线图和气温曲线图虽然有2个月的时间差，但表格大体是相似的。也就说每月的时长和气温有着密切的关系。

71 实验 北极的白夜和极夜

韩国夏季白天时间变长，冬季白天时间变短。但是在北极的话，白天与黑夜的时间也会随季节而变化吗？让我们一起通过实验来了解吧。

准备材料 地球仪，没有灯罩的台灯，双面胶，时间盘，观测盘

地球与宇宙·太阳系的运动

① 将观测盘贴在地球仪的北极上。

 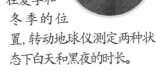

② 在夏季和冬季的位置，转动地球仪测定两种状态下白天和黑夜的时长。

结果

测定位置	白天的时长	黑夜的时长
夏季	24小时	0小时
冬季	0小时	24小时

▲ 在北极夏季一整天太阳都不会消失，冬季一整天太阳也不会出现。

夏季　　　　　　　冬季

通过实验得出的结论

与韩国不同，在北极夏季太阳不会落山，白天会一直持续，而在冬季太阳不会升起，黑夜会一直持续。这说明了，白天和黑夜的时长虽然会因为季节的变化而变化，但不同地区白天和黑夜的长短不同。北极的夏季虽然比韩国的夏季白天时间长，但气温很低。这是因为北极的太阳中天高度比韩国的低造成的。

科学家的眼睛

白夜和极夜

白夜指的是在高纬度地区出现的夏季没有夜晚的现象。"白夜"即为"白色的夜"，一般俄罗斯人使用这种说法，但在瑞典和其他国家，普遍称这种现象为"午夜太阳"。与之相反，在冬季出现的没有白天的现象，被称为

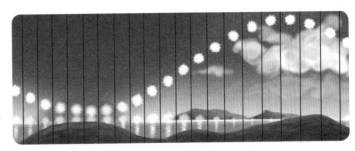

太阳一整天不落山的白夜

"极夜"。在北极，夏季的白天和冬季的黑夜各持续6个月。

太阳的中天高度、影子长度、气温和自然环境都会因季节的变化而变化。那么产生这种变化的原因是什么呢？让我们一起来寻找吧。

准备材料 可以自由调整自转轴角度的地球仪，没有灯罩的台灯，太阳高度测量器

自转轴竖直状态下公转时

太阳高度测量器

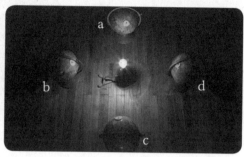

① 将地球仪的自转轴调整为竖直状态。

② 找出韩国的位置，将太阳高度测量器贴在上面。

③ 打开中间的台灯，一边转动地球仪，一边测定太阳的中天高度和影子长度。这时要注意自转轴方向不变。

自转轴倾斜状态下公转时

太阳高度测量器

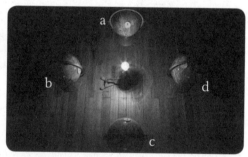

① 将地球仪的自转轴倾斜至23.5°。

② 找出韩国的位置，将太阳高度测量器贴在上面。

③ 使用上述方法测量太阳的中天高度和影子长度。

结果

地球的位置	太阳的中天高度(°)	影子长度(cm)	预想的季节	地球的位置	太阳的中天高度(°)	影子长度(cm)	预想的季节
a	52	1.2	没有季节变化	a	52	1.2	春
b	52	1.2		b	75	0.3	夏
c	52	1.2		c	52	1.2	秋
d	52	1.2		d	28	28	冬

自转轴竖直状态下公转时 　　　　　　　　自转轴倾斜状态下公转时

通过实验得出的结论 太阳的中天高度和影子长度只有在地球自转轴倾斜时才会出现。通过这个实验，我们可以了解到季节的变化是地球在自转轴倾斜状态下公转引起的。而且，我们还能知道，太阳和地球的距离并不会对季节变化造成多大的影响。比如在北半球的冬季，地球和太阳的距离最近，但气温却最低。

季节的变化是地球在自转轴倾斜状态下围绕太阳公转产生的。那么和处在北半球的韩国不同，处在南半球的新西兰的季节有什么样的特征呢？

准备材料 可以自由调整自转轴角度的地球仪，没有灯罩的台灯，太阳高度测量器

① 将自转轴倾斜至23.5°。

② 在地球仪上找出新西兰的位置，将太阳高度测量器贴在上面。

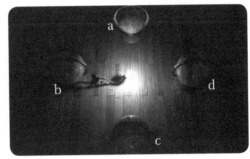

③ 一边以台灯为中心转动地球仪，一边测量太阳的中天高度和影子长度，比较测量的数据与上一节测量的韩国的数据。

结果

地球的位置	太阳的中天高度(°)	影子长度(cm)	预想的季节	地球的位置	太阳的中天高度(°)	影子长度(cm)	预想的季节
a	52	1.2	春	a	50	1.3	秋
b	75	0.3	夏	b	26	3.2	冬
c	52	1.2	秋	c	50	1.3	春
d	28	28	冬	d	73	0.4	夏

韩国的中天高度和影子长度　　　　　　　新西兰的中天高度和影子长度

▲ 北半球的韩国和南半球的新西兰季节正好相反。

通过实验得出的结论 在韩国太阳的中天高度最高的夏季，正好是新西兰太阳中天高度最低的冬季。而在韩国中天高度最低的冬季，却是新西兰太阳中天高度最高的夏季。从这一点我们可以看出，南半球和北半球的季节恰好相反。例如，北半球的圣诞节是雪花飞舞的冬季，而南半球的圣诞节是炎热的夏季。

科学家的眼睛

南半球的季节

　　由于自转轴是倾斜的，所以在6月21日的南半球与北半球的季节完全相反。夏至这一天在南半球是冬季开始的日子。有趣的是，南半球的夏季比北半球的夏季凉爽，南半球的冬季比北半球的冬季暖和。这是由于北半球有61%被海水覆盖，而南半球有81%被海水覆盖造成的。海水吸热慢，散热也慢。

古代人利用太阳的移动来获知时间。像这种利用因太阳产生的影子制作的计时仪器便是日晷。让我们一起来制作能够知道季节变化的日晷吧。

准备材料 木筷，指南针，画纸，图钉，胶带，彩色铅笔

各个时期的日晷

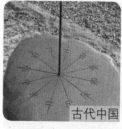
古代中国

古代朝鲜

古代英国

德国

▲ 日晷是利用随时间变化的影长和位置变化制作的计时仪器，在日晷中央有一个能产生影子的长杆，日晷盘中画有刻度线。

制作可以知道时间和季节的日晷

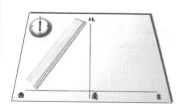

① 在纸板上画一个"+"字形的线，标记好方向。

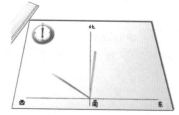

② 将木筷竖直放在"+"字形的中间位置。

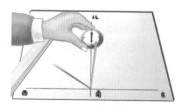

③ 使用指南针调整好位置。

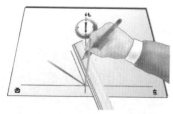

④ 将纸板放在平坦处，每小时沿着木筷的影子画线。

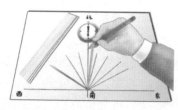

⑤ 在影子的尽头标记好测量的日期和时间。15天以后，再一次标记影子。

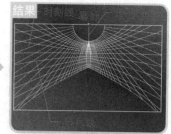

▲ 打开仰釜日晷时的样子
一年之中一直测量并画线，将线连在一起会形成如上的图样。

通过实验得出的结论 仰釜日晷是可以获得日期和时间的一种特别科学的日晷。为了制造仰釜日晷，人们需要经历无数次上述的测量过程。太阳每时每刻都在规律性地运动，随着季节的变化，太阳的中天高度和影子长度也在不断变化。利用这种规律性的自然现象，我们就可以制造日晷。即使同一时刻，如果地点不同，影子的长度也会有差别。

日晷

在计时仪器中，人类最先使用的便是日晷。最简单的日晷是竖立一个长杆，通过影子的位置获知时间。在古文明发达的埃及、美索不达米亚、希腊和中国等地，早就使用日晷来计算时间。而中国，是在3000年前的周朝。日晷不但能显示一天之内的时刻，还能显示节气和月份。当然它的缺点也是显而易见的，笨重而且看不到阳光的时候不能用，比如，阴天和夜晚。

中国最早的可靠记载是《隋书·天文志》中提到的袁充于594年（隋开皇十四年）发明的短影平仪（地平式日晷）。赤道日晷的明确记载初见于南宋曾敏行的《独醒杂志》卷二中提到的晷影图。

日晷依晷面所放位置、摆放角度、使用地区的不同，日晷可分成地平式、赤道式、子午式、卯酉式、立晷等多种，应用范围也不尽相同。

按晷面的摆放角度，可分为：地平式、垂直式、赤道式。

▲ 清朝的赤道式日晷侧面视图

▲ 1726年垂直式日晷

▲ 大型户外水平式日晷

▲ 沈阳故宫的日晷

多变的天气

天气是多种多样的。与天气有关的现象都有哪些呢？

75 调查 玩天气游戏

因为天气，我们的生活变得丰富多彩。通过玩游戏，来体验不同天气带给我们的不同体验吧。

准备材料 游戏盘，骰子

玩天气游戏的方法

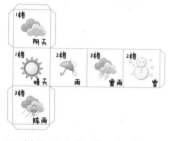

① 制作画有各种天气的骰子。

② 在小马游戏盘上画好生活中出现的各种场景。

③ 按照骰子上的数字移动游戏盘上的小马，并将骰子上的天气和游戏盘上的场景联系起来讲故事。

<天气游戏 示例>

天气	场景	故事 示例
		星期天和爸爸一起去看棒球比赛，突然下起了阵雨，所以棒球比赛暂时停止了。幸好一会儿雨就停了，我们又能重新观看比赛。
		在烈日炎炎的夏季，我和爸爸妈妈一起去海边玩。我在海里游泳了，玩得很开心。但是阳光把我都晒黑了。
		今天在电视上看天气预报的时候，我看到卫星照片上有很多云。正像天气预报中的卫星照片一样，今天一整天都在阴天。
		去年秋季运动会的时候，雨连续下了好几天。所以我们只能在礼堂里简单地开了个运动会。
		昨天和妈妈一起去超市的时候，突然下起了雷雨。那时闪电好像要劈在我身上一样，很可怕。
		圣诞节那天下雪了，路上堆满了雪。很多车都没法发动。有的人在车后推车。

通过调查得出的结论 天气给我们的生活带来很多影响。因为天气不同，我们能做的事情也不一样了。

将沾有水的衣服放在房间中，不久后能看到衣服干了。这是因为水以水蒸气的形式蒸发到了空气中。因此，空气中含有水蒸气。空气含水蒸气的程度被称为湿度。让我们一起来了解如何测定湿度吧。

准备材料　铁夹，温度计，水，碎布，支架，橡皮筋，烧杯

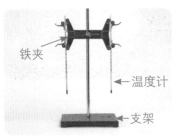

① 用支架和铁夹安装两个温度计。

② 将其中一个温度计用棉布包裹，然后把棉布放在盛有水的烧杯中。

③ 10分钟后读出两个温度计的度数，利用湿度表求出湿度。

结果

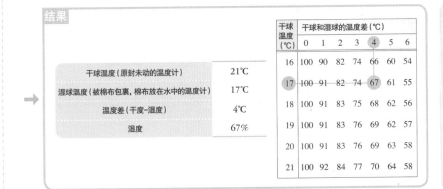

	干球温度（原封未动的温度计）	21℃
	湿球温度（被棉布包裹，棉布放在水中的温度计）	17℃
	温度差（干度-湿度）	4℃
	湿度	67%

干球温度（℃）	干球和湿球的温度差（℃）						
	0	1	2	3	4	5	6
16	100	90	82	74	66	60	54
17	100	91	82	74	67	61	55
18	100	91	83	75	68	62	56
19	100	91	83	76	69	62	57
20	100	91	83	76	69	63	58
21	100	92	84	77	70	64	58

参考

读湿度表的方法如下，首先从左侧一栏选出湿球温度，然后在最上面一栏找出湿球和干球的温差。两个数据的相交点就是现在的湿度。

通过实验得出的结论　随着棉布上的水的蒸发，湿球温度计上的温度会比干球温度计上的温度低。如果湿度低，那么蒸发就会变大，使得湿球温度更低，与干球的温差拉大。也就是说，干球温度和湿球温度之间的差值越大，湿度越低，温差越小，湿度越高。

科学家的眼睛

湿度的种类

湿度可以分为绝对湿度和相对湿度两种。**相对湿度**是指空气中的实际水蒸气含量与该温度饱和状态水蒸气含量之比，用百分比（%）表示。这里的**饱和状态水蒸气含量**指的是在一定温度中，$1m^3$空气中包含的最大水蒸气量。由于空气温度越高，能包含的水蒸气含量越多，因此空气温度越高，相对湿度就会越低。在上面的实验中，我们测量的湿度就是相对湿度。**绝对湿度**指的是在$1m^3$空气中所含有的实际水量，用g表示。干湿球湿度计就是利用水的蒸发现象来测定湿度的。

干湿球湿度计

地球与宇宙·气象

湿度对我们的生活有很大的影响。湿度高时和湿度低时会发生什么事情呢？让我们一起来调查，并且找出调节湿度的方法吧。

准备材料 网络

湿度和我们的生活

▲ **湿度高时**
食物容易坏，金属容易生锈。

▲ **湿度低时**
衣服容易晾干，容易发生火灾。

调节过高湿度的方法

▲ 打开窗户通风。

▲ 使用除湿器。

▲ 开暖气。

调节过低湿度的方法

▲ 挂湿毛巾。

▲ 使用加湿器。

▲ 在炉子上放置水壶。

> 通过调查得出的结论　湿度与我们的身体健康有着密切的关系。生活中最理想的湿度在50%~60%。为了调节湿度，除了使用加湿器或除湿器，还有打开窗户，挂湿毛巾等不错的方法。

科学家的眼睛
不适指数

　　不适指数是美国气象学家托恩（E.C.Thon）提出的，指的是人体受气温、湿度、风速和阳光的影响而有不舒适感觉的指标。在室内的不适指数可以通过以下方式计算。

　　不适指数=0.72×（干球温度+湿球温度）+40.6

　　一般来说，气温和湿度越高，阳光越强，风越大的时候，不适指数越低。当不适指数在80~85的时候，人们能感受到不舒服，85以上人们能感到无法忍受的不适感。

了解露水、雾、云和雨的形成原因，通过实验观察空气中的水蒸气吧。

准备材料　圆底烧瓶，烧杯，冰块，研杵，研钵，温水，黑色纸

了解露水、雾、云和雨

露水

▲ 早上空气中的水蒸气在植物叶子上凝结成的小水滴。

雾

▲ 接近地表的空气降低，水蒸气凝结成小水滴。

云

▲ 随着空气上升，温度降低，水蒸气在高空凝结成小水滴。

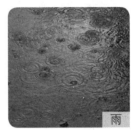

雨

▲ 云里的小水滴聚在一起变成大水滴后掉落下来。

了解露水、雾、云和雨的形成过程

① 把温水倒在烧杯中。

圆底烧瓶

烧杯

② 在圆底烧瓶中放入大小均匀的冰块和少量水，然后将烧瓶放在盛有温水的烧杯上。

③ 将黑色纸放在后面，观察烧杯的内部、烧瓶的侧面和下面有什么变化。

结果

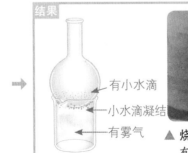

有小水滴

小水滴凝结

有雾气

▲ 烧杯内部：雾气，云
有雾气和云在流动。

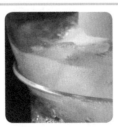

▲ 烧瓶侧面：露水
有很小的水滴形成。

▲ 烧瓶下面：雨
有小水滴凝结。

通过实验得出的结论　烧杯内部的温水蒸发后与圆底烧瓶中的冷空气相遇，凝结成小水滴。实际生活中的云和雾的形成，与它的原理相同。在烧瓶侧面，外部空气中的水蒸气与冰凉的烧瓶相遇后，形成小水滴，自然界中的露水也是这样形成的。在烧瓶的底部，温暖的空气上升到冰凉的瓶底，形成的小水滴掉落下来，这与雨的形成原理一样。

陆地和海洋同样受到太阳的照射，那么温度也一样吗？让我们一起来了解陆地和海洋的温度每天是怎样变化的吧。

准备材料 烧杯，温度计，支架，夹子，沙子，水，坐标纸

夹子
温度计
支架

水
沙子

结果

时间 分类	第一次	30 分钟	60 分钟	90 分钟	120 分钟	150 分钟
沙子	14℃	18℃	21.5℃	23℃	26℃	28℃
水	14℃	14.2℃	14.4℃	14.6℃	14.8℃	15.2℃

① 将支架和夹子放在阳光充足的地方安装好。

② 将一支温度计放在水中，浸入水的地方约为1cm。另一支温度计放在沙子中，进入沙子的深度也是1cm。每隔30分钟测量一次，用图表和坐标纸表示出来。

▲ 沙子的温度变化大，水的温度变化小。

结果

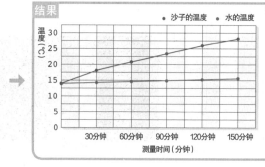
●沙子的温度 ●水的温度
温度(℃)

▲ 沙子和水的温度变化
沙子比水温度上升要快。

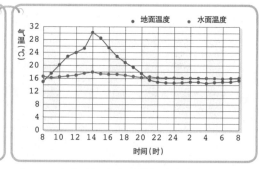
●地面温度 ●水面温度
气温(℃)
时间(时)

▲ 一天当中地面和水面的温度变化
地面一天当中温度变化很大。

通过实验得出的结论 沙子比水温度上升得要快，下降得也快。水比沙子温度上升得慢，下降得也慢。同样，由于地面比水面温度上升快，下降快，所以白天地面温度高，晚上温度低。水面一整天温度变化不大。

科学家的眼睛

水面比地面温度变化小的原因

水比沙子传热慢，原因有以下四点。

首先，同样质量的沙子每上升1℃需要的热量比同样质量的水上升1℃需要的热量要小。因此很小的热量也能使沙子的温度上升。其次，水是透明的，光能透射到水的深处，使得热量广泛传播，而沙子是不透明的，太阳光不能穿透沙子，热量传播面小，使得沙子的温度可以快速上升。再次，水在蒸发的时候会带走部分热量，温度很难快速上升。最后一点，水因为波浪的原因一直在波动，与其他地方的水混合，使得水温难以提高。

80 实验 风从哪里来 ❓

就像水流动一样，空气也是流动的。空气的流动被称为风。让我们通过实验来了解风形成的原因吧。

准备材料 对流循环箱，香，冰块，热沙子，银箔盘子，橡皮泥，透明胶卷，透明胶带

① 将卷起来的胶卷或纸用透明胶带固定好后，放在对流循环箱上面。

② 把热沙子和冰块分别放在两个盘子中，然后将盘子放在箱子中。

③ 在沙子和冰块之间放一根点燃的香，观察香气的移动。

结果

◀ 香气向有沙子的一方移动。由于热沙子上方的空气变热往上流动，所以冰块上方的冷空气向沙子处流动。香的烟气之所以流动，是温差造成的。温度高的地方空气上升，温度低的地方空气会流向温度高的地方，因此产生了风。

通过实验得出的结论 香的烟气流动的原因在于沙子和冰块之间的温度差。温度高的地方空气上升，温度低的地方空气会流向温度高的地方。这种水平方向的空气流动被称为风。即，风产生的原因在于两个地区的温差，这种温差是由于不同地区的温度上升和下降速度不同造成的。

科学家的眼睛
海风和陆风

海边白天和夜晚吹的风，其方向是不一样的。原因是陆地和海洋之间的温度差。白天陆地温度上升快，陆地的温度比海洋的要高，因此陆地的空气上升，海洋的风吹向陆地，被称为**海风**。

与之相反，到了晚上，陆地上的温度下降快，海洋比陆地温度高。海洋的空气上升，陆地的空气吹向海洋，被称为**陆风**。

海风　　　　　陆风

天气预报

天气与我们的生活有着密切的关系。天气预报是怎么形成的呢？

 81 调查　**看气象图识天气**

气象图是用数字和图标来表现天气状态的一种图。下面让我们一起来了解气象图中各种图标的含义吧。

准备材料　气象图

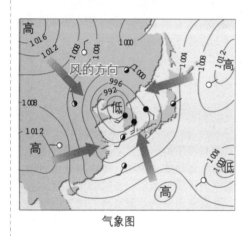

气象图

气象图中图标的含义

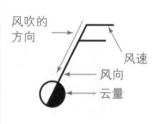

- 等压线：把气压相等的地点连接起来形成的线。
- 高气压：气压比周围高的地方用"高"或者"H"来表示。
- 低气压：气压比周围低的地方用"低"或者"L"来表示。

（通过调查得出的结论）通过气象图，我们可以了解到天气情况。在上面的这个气象图中，我们可以看到韩国正处在低压中，全国范围内有降雨的可能。特别是首尔地区有西南风，阴天，风力较强。济州岛附近是西南风，风力较弱，天气正在渐渐变晴。

 随气压变化的风向

往后拉注射器的活塞，将注射器的孔用手指堵住，然后往前推活塞，松开手指，空气会涌进注射器中。这时注射器内（高气压）的空气流向了外部（低气压）。这种空气的流动，即风从高气压流向低气压。但由于地球的自转，风向并不是从高气压向低气压的直线流动。正确地说，风以高气压为中心，按顺时针方向流出，以低气压为中心，按逆时针方向流入。

在气象图中最重要的一个要素便是等压线。人们经常提到等高线和等压线，让我们一起来比较它们的共同点和不同点吧。

准备材料 气象图，等高线

等高线和等压线的比较

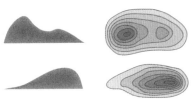

山的形状和等高线

高压　力　低压

水槽和等压线

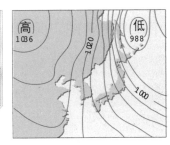

▲ 共同点：都是把特征相同的点连接起来形成的曲线，线越密，差异越大。

▲ 不同点：等高线是把地面上海拔相同的点连接起来形成的曲线，而等压线是把气压相同的点连接起来形成的曲线。

等压线的密度和风的关系

气压差大：风力强

地形平坦
地形陡峭

等高线

气压差小：风力弱

等压线

▲ 通过等压线的密度可以推测出风的强弱。等压线越密，气压差越大，风力越强。

通过调查得出的结论 等高线和等压线都是把特征相同的点连接起来形成的曲线。等高线的线越密，地形越陡峭。与之相似，等压线的线越密，气压差越大，风力越强。

科学家的眼睛

蒲福制定的风力等级

英国的蒲福根据海上的状态制定了风力等级。之后蒲福的风力等级几经修改，在今天的风力观测中为人们所用。

蒲福风级

等级	名称	陆地物象和风速（m/sec）
0	无风	烟直上（0.0~0.2）
1	软风	烟示风向，水面有鱼鳞状波纹（0.3~1.5）
2	轻风	感觉有风，树叶微动（1.6~3.3）
3	微风	树叶树枝摇摆，旌旗展开（3.4~5.4）
4	和风	吹起尘土、纸张，树枝摆动（5.5~7.9）
5	轻劲风	小树摇摆，湖面泛起小波（8.0~10.7）
6	强风	树枝摇动，举伞困难，湖面有大波纹（10.8~13.8）
7	疾风	步行困难，大树摇动（13.9~17.1）
8	大风	摧毁树枝，前行感觉有阻力，有海浪（17.2~20.7）
9	烈风	屋顶受损，瓦片吹飞（20.8~24.4）
10	狂风	拔起树木，摧毁房屋（24.5~28.4）
11	暴风	摧毁普遍，房屋吹走（28.5~32.6）
12	台风	造成巨大灾害，船有沉没的危险（32.7以上）

地球与宇宙·气象

东亚四季分明，各个季节的天气也不同。观察各个季节的气象图，了解风向，以及风向对不同季节天气的影响。

准备材料 各个季节的气象图

各个季节气象图，风向，天气的特征

春季气象图	特征	夏季气象图	特征
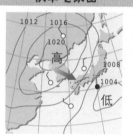	中国大陆可以看到明显的移动性高压。从内陆高压吹来的风将使整个韩国变得温暖干燥。		北太平洋地区的高压盛行，内陆地区为低气压。在从南方海洋地区吹来的风的影响下，天气湿热。雨水增多，闷热的天气将持续。

秋季气象图	特征	冬季气象图	特征
秋季气象图	出现在内陆地区的温带低压或移动性高压会使韩国地区出现阴天和晴天的反复现象。	冬季气象图	在北方内陆地区吹来的寒风的影响下，天气将变得寒冷干燥。主要吹西北风。

通过调查得出的结论 陆地或海洋等面积广阔的地区，经常有气流长时间停留。气团使当地的温度、湿度变化不大。由于我国处于东亚季风区，天气气候深受季风活动的影响。冬季以东亚风气流，夏季以西南风气流为主。因此，一年四季气候分明。

科学家的眼睛

影响中国天气的气流

性质相似的气团被称为气流。我国处于东亚季风区内，表现为：盛行风向随季节变化有很大差别，甚至相反。能够对中国天气造成影响的气流主要有东北气流和西南气流。

冬季盛行东北气流，华北—东北为西北气流。冬季季风在北半球盛行北风或东北风，尤其是亚洲东部沿岸，这种季风起源于西伯利亚冷高压。在这股气流的作用下，我们的冬季寒冷干燥。

夏季盛行西南气流。西南气流能使夏季炎热湿闷、多雨，尤其多暴雨。中国东部—日本还盛行东南气流。我国的华南前汛期、江淮的梅雨及华北、东北的雨季，都属于夏季风降雨。

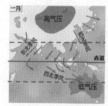 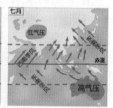

东亚地区季节分明，那么不同季节中人们的生活有哪些变化呢?

准备材料　与天气相关的资料

地球与宇宙·气象

春：温暖干燥的天气

▲ 脱掉厚厚的棉衣，穿薄衣。

▲ 在农村开始播种和种树苗。

▲ 许多花都开了，天气变暖，出游次数变多。

▲ 易发生火灾，所以有很多小心火灾的告示。

夏：炎热潮湿的天气

▲ 穿短小凉爽的衣服。

▲ 经常吃冰淇淋或红豆刨冰等冷饮。

▲ 去凉爽的溪谷或海边玩水游泳。

▲ 打开风扇或空调降温。

秋：晴朗凉爽的天气

▲ 开始穿长衣。

▲ 在农村开始秋收，收获庄稼。

▲ 去枫叶满山的地方爬山。

▲ 享受读书或各种户外活动。

冬：寒冷干燥的天气

▲ 穿厚重的衣服，戴上手套。

▲ 吃热食。

▲ 乘雪橇或滑雪板玩，或者打雪仗。

▲ 打开暖气或炉子取暖。

通过调查得出的结论　由于不同季节有着不同的天气，我们的生活也随之有很大的变化。其中变化的有我们的衣着打扮、饮食、家庭环境、娱乐活动和农事等。

天气与我们的生活有着密切的联系，所以我们需要对天气进行预报。让我们一起来了解天气预报形成的过程吧。

准备材料 与天气预报有关的资料

天气观测

气象观测站负责观测气温、湿度、降水量、风力、气压、云、水蒸气量、雷电等情况。

地面气象观测

空中气象观测

地面卫星观测

气象雷电观测

资料整理和分析

使用电脑收集并分析各种气象资料。

▲ 使用通信用电脑收集各种气象资料，并进行编辑加工。

▲ 使用超级电脑对收集到的观测资料进行分析，进行天气预报。

播报

通过电视、电脑、报纸、电话（12121或96121）等各种方式播报天气预报。

▲▼ 中国气象局天气预报界面

预报讨论和生成

通过收集到的资料，对初步完成的预报进行讨论，形成最终版本的天气预报。

▲ 在讨论过程中，相关专家们根据收集到的数据资料进行讨论，制定最终的天气预报。

通过调查得出的结论 天气预报的过程为气象观测→资料分析和整理→预报讨论和制定→预报播报。我们可以通过电视、网络、电话（12121或96121）、报纸等方式获取天气信息。

中国的气候变化

随着全球变暖，中国的气候会如何变化呢？下面是通过2012年中国气象局气象变化中心发布的中国气候变化监测公报得出的中国的气候变化。

1.气温

1901-2011年，中国地表年平均气温呈显著上升趋势，并伴随明显的年代际波动；1961-2011年，中国地表年平均气温平均每10年升高0.29℃。2011年中国地表平均气温为9.3℃,比常年偏高0.5℃。

2.降水

1901-2011年，中国平均年降水量无显著变化趋势，以20-30年尺度的年代际波动为主，其中20世纪10年代、30年代、50年代、70年代和90年代降水偏多，20世纪最初10年、20年代、40年代、60年代降水普遍偏少。2011年全国平均降水量显著偏少，是近百年降水量最少的年份之一。

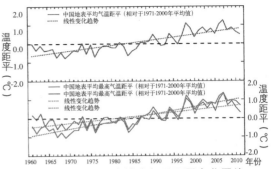

1961-2011年中国平均地表气温距平变化平均气温(红线)、平均最低气温(绿线)和平均最高气温(粉线)

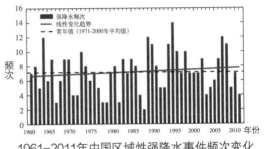

1961-2011年中国区域性强降水事件频次变化

3.极端气候事件

1961年以来中国区域性高温时间、区域性气象干旱事件和区域性强降水事件频次趋多，区域性气象干旱事件157次（极端干旱16次），区域性强降水事件367次（极端降水36次），区域性高温事件188次（极端高温21次）。

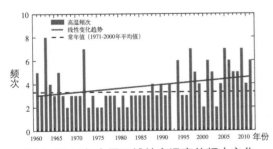

1961-2011年中国区域性高温事件频次变化

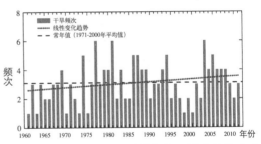

1961-2011年中国区域性气象干旱事件频次变化

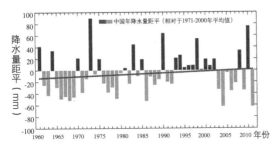

1961-2011年中国平均年降水量距平变化

气象学家是预报天气的科学家。让我们也去做气象学家，连续观察三天的天气，预测第四天的天气吧。

准备材料 很多天的气象图，透明胶卷，油性笔

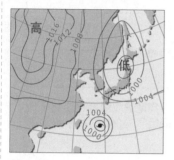
第一天

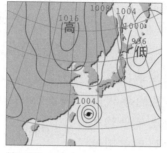
第二天

第三天

把透明胶卷放在气象图上，画出高气压、低气压和台风的位置。

第一天

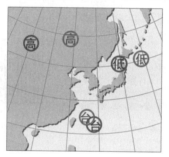
第二天

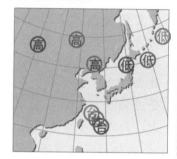
第三天

第四天的预测气象图和天气预报

◀ 这几天一直北上的台风，预计从明天开始会给东海、黄海海域造成直接性的影响。而东部沿海城市正好处在台风影响圈中，估计会有强降雨、大风和海浪。今天夜间，台风的影响范围会开始向扩散，风力增强，下雨的地方也会增多。希望各地区尤其注意堤防等设施管理，减少台风带来的危害。

通过观察得出的结论 通过几天的气象图中显示的高气压和低气压的移动路线，我们可以预测第二天的天气。一般来说，高气压控制下的天气会变得晴朗，而低气压控制下的会出现阴天现象。天气预报有短期预报、中期预报和长期预报之分，人们通过天气预报可以提前做好应对自然灾害的准备，保护好生命和财产安全。

全球变暖

二氧化碳是能够吸收地球热量，使大气温度上升的温室气体之一。大气中的二氧化碳含量会对气温造成影响。

1800年以后，由于工业化的急剧发展，石油等化学燃料的使用数量增加，使得大气中的二氧化碳含量骤然增长。

按照现在的发展趋势，如果石油等化学燃料的使用量继续增长，到21世纪后半期，大气中的二氧化碳将达到600ppm。那样的话，地球的平均地表温度将升高

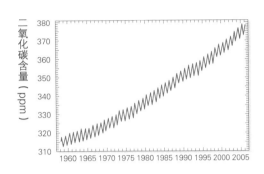

2.5℃。当然，只有二氧化碳是无法引发全球变暖的。最近由于人类的工业和农业活动，可以引发全球变暖的其他气体的数量也在增加。气象学家警告大家全球变暖会引发如下严重的现象：

1. 由于气温和降水形态的变化，使得农作物受到极大的损害。

2. 海洋水温升高，冰川融化，海平面上升，很多沿海地区被海水淹没。

3. 大规模暴风的路径改变，对降雨分布产生影响，还会产生飓风等恶劣天气。

4. 海水温度上升，会使台风更加频繁，并且使台风的强度加大。

▲ 部分地区持续干旱，影响作物耕种。

▲ 海平面上升，岛国图瓦卢被海水淹没。

▲ 2005年8月飓风"卡特里娜"造成了巨大的损失。近年来强台风频发。

为了防止全球变暖，最有效的方式便是将节约能源生活化。我们个人在生活中排放的二氧化碳占到了总量的1/3左右。这意味着，如果我们能节约能源，会对解决全球变暖这一难题做出很大的贡献。

图书在版编目（CIP）数据

少儿科学实验全知道. 4 ／（韩）梁一镐编著 ；邢青青译.
-- 北京 ：北京联合出版公司，2014.7
（我的小小科学实验室）
ISBN 978-7-5502-3225-9

Ⅰ．①少… Ⅱ．①梁… ②邢… Ⅲ．①科学实验－少儿读物
Ⅳ．①N33-49

中国版本图书馆CIP数据核字(2014)第143334号
版权登记号：01-2014-3305

少儿科学实验全知道 ④

〔韩〕梁一镐／编著　　邢青青／译

丛书总策划／黄利　　监制／万夏
责任编辑／徐秀琴　宋延涛
特约编辑／康洁　杨文
编辑策划／设计制作／**奇迹童书**　www.qijibooks.com

北京联合出版公司出版
（北京市西城区德外大街83号楼9层　100088）
北京瑞禾彩色印刷有限公司印刷　新华书店经销
265千字　787毫米×1092毫米　1/16　32.25印张
2014年7月第1版　2014年7月第1次印刷
ISBN 978-7-5502-3225-9
定价：119.60元（全四册）

奇迹童书·有(爱)有梦想

《永恒纪念版》

至真至美的大师作品　触动幼小的心灵世界

诵读名家经典　启迪文学创作
名篇精选+精彩导读+全彩手绘插图=永恒纪念版

朝花夕拾

出版社：北京联合出版公司
定价：24.8元

繁星·春水

出版社：北京联合出版公司
定价：24.8元

故乡

出版社：北京联合出版公司
定价：24.8元

荷塘月色

出版社：北京联合出版公司
定价：24.8元

小桔灯

出版社：北京联合出版公司
定价：24.8元

伊索寓言

出版社：吉林出版集团
定价：29.80元

格林童话（全3册）

出版社：旅游教育出版社
定价：75.00元

安徒生童话（全3册）

出版社：旅游教育出版社
定价：118.80元

一千零一夜（全3册）

出版社：北京联合出版公司
定价：98.00元

爱丽丝梦游仙境

出版社：北京联合出版公司
定价：29.90元

木偶奇遇记

出版社：北京联合出版公司
定价：29.90元

彼得·潘

出版社：北京联合出版公司
定价：29.90元

绿野仙踪

出版社：北京联合出版公司
定价：29.90元

小王子

出版社：时代文艺出版社
定价：29.80元

假如给我三天光明

出版社：北京联合出版公司
定价：29.90元